AI 时代
生存手册

秋叶

任泽岩

黄震炜

著

零基础掌握
DeepSeek

U0280373

人民邮电出版社

北 京

图书在版编目（CIP）数据

AI 时代生存手册：零基础掌握 DeepSeek / 秋叶，任泽岩，黄震炜著. -- 北京：人民邮电出版社，2025.
ISBN 978-7-115-66520-1

Ⅰ．TP18-62

中国国家版本馆 CIP 数据核字第 2025PQ0515 号

内 容 提 要

本书将带你深入探索AI"神器"——DeepSeek的无限潜能，带你从零开始，轻松掌握AI的核心应用。

通过学习本书，你将轻松上手DeepSeek，开启智能生活新篇章；通过学习本书，你将学会用DeepSeek大幅提升工作效率；通过学习本书，你将学会如何让DeepSeek成为你的职场超级助手；通过学习本书，你将学会如何利用DeepSeek激发自己的创作灵感，打造爆款内容和个人品牌；通过学习本书，你将学会利用DeepSeek解决各种专业难题。

无论你是职场精英、创业者，还是自由职业者，本书都能帮到你。本书不仅是提升个人竞争力的加速器，更是通往智能时代的通行证。让我们一起立即行动，拥抱AI，用DeepSeek解锁未来生活的无限可能！

- ◆ 著　　　　　秋　叶　任泽岩　黄震炜
　　责任编辑　武恩玉　孙燕燕
　　责任印制　周昇亮
- ◆ 人民邮电出版社出版发行　　北京市丰台区成寿寺路 11 号
　　邮编　100164　　电子邮件　315@ptpress.com.cn
　　网址　https://www.ptpress.com.cn
　　天津千鹤文化传播有限公司印刷
- ◆ 开本：880×1230　1/32
　　印张：7.5　　　　　　　　2025 年 3 月第 1 版
　　字数：141 千字　　　　　　2025 年 4 月天津第 12 次印刷

定价：59.80 元

读者服务热线：(010)81055296　印装质量热线：(010)81055316
反盗版热线：(010)81055315

前　言

AI 不是选择题，而是生存题

亲爱的读者朋友：

你好！在这个日新月异的时代，我们常常听到一句话："未来已来。"而今天，我想告诉你，未来真的已经来了，而且它正以一种前所未有的速度改变着我们的生活和工作方式。

你有没有发现，身边越来越多的人开始谈论 AI，甚至用 AI 来解决问题？ AI 不再是高不可攀的高科技，而是实实在在融入我们日常生活的工具。它就像一把钥匙，为人们开启了通往更高效、更便捷的世界大门。不过，这扇门并不会自动为所有人敞开。那些不会用 AI 的人，很容易在不知不觉中被时代悄悄淘汰。

世界经济论坛发布的《2025 年未来就业报告》显示，全球各行各业正发生着深刻改变，22% 的就业机会面临变革，将新创造 1.7 亿个工作岗位，9200 万个工作岗位将被替换，到 2030 年净增就业机会 7800 万个。这意味着，未来职场将发生翻天覆地的变化，掌握 AI 技能将成为人们未来生存的关键。

AI：改变生活与工作的力量

AI 正快速渗透到人们的工作和生活的每一个角落。在工作中，AI 可以帮助我们快速整理会议纪要、生成报告、设计 PPT，甚至还能帮我们写代码、做数据分析。在生活中，AI 可以为我们提供个性化的健身方案、饮食建议，甚至还能帮我们规划旅行路线。那些善于利用 AI 的人，工作效率和生活质量都得到了较大提升，而那些不会用 AI 的人，却还在为各种琐事耗费大量的时间和精力。

工作效率对比：DeepSeek 引发的效率革命

为了更直观地展示 AI 所带来的工作效率的提升，笔者用由深度求索（DeepSeek）公司开发的智能助手 DeepSeek-R1 准备了以下表格（见表 0-1），对比了使用 DeepSeek 和不使用 DeepSeek 的情况下，人们在工作效率方面的差别。

表 0-1　使用 DeepSeek 和不使用 DeepSeek 的情况下，工作效率的差别

任务类型	不使用 DeepSeek	使用 DeepSeek	效率提升
会议纪要整理	60 分钟	5 分钟	提升 11 倍
Excel 数据分析	30 分钟	5 分钟	提升 5 倍
PPT 设计	120 分钟	15 分钟	提升 7 倍
文案撰写	45 分钟	10 分钟	提升 3.5 倍
项目计划制订	120 分钟	30 分钟	提升 3 倍

从表 0-1 中可以看出，人们使用 DeepSeek 后，工作效率得到了显著提升。人们借此节省了大量时间，可以用来做更有价值的事情，如陪伴家人、学习新技能、发展兴趣爱好等。

宝妈的高效生活：DeepSeek 的神奇助力

有一个真实案例。有一位年轻的宝妈，名叫小李。她每天都要为孩子的辅食操心，研究各种食材搭配和营养均衡。以前，她需要花费大量的时间去查找资料、对比方案，往往要花 2 小时才能确定一份合适的辅食方案。这不仅让她感到疲惫不堪，还占用了她陪伴孩子和处理家务的时间。

有一天，在朋友的推荐下，小李开始使用 DeepSeek 工具。之后，一切都变得不一样了。她尝试用 DeepSeek 来解决孩子辅食的难题。她在手机上打开 DeepSeek，在对话框里输入以下指令：

"请为 8 个月大的宝宝生成一份辅食方案，要求营养均衡，包含蔬菜、水果和肉类。"

不到 30 秒，DeepSeek 就生成了一份详细的辅食方案，包括食材清单、制作步骤和营养分析。小李惊喜地发现，这份方案不仅科学合理，还非常实用。她按照此方案准备辅食，不仅节省了大量时间，还让孩子吃得更健康了。小李感慨地说："以前我需要花 2 小时来研究辅食方案，现在只需要不到 30 秒的时间，DeepSeek 真是太神奇了！"

综上，DeepSeek 作为一款强大的 AI 工具，它正改变着人们的工作和生活方式。它就像一个私人秘书，能随时随地为你提供服务，帮你解决各种问题。如果你不会用它，就相当于失去了一个强大的助手，你会在数字化时代逐渐掉队。

需要注意的是：随着 DeepSeek 的不断迭代升级，DeepSeek 的思考深度将不断加深，生成的内容也会越来越好，进而更好地助力你的学习、工作与生活。

本书将开启你的 AI 之旅

不过，你不用担心，读完本书，你将成为"AI 六边形战士"——效率翻倍、成本减半、竞争力升级。这本书不是晦涩难懂的技术手册，而是一本接地气的、实用的 AI 指南。它会手把手教你如何使用 DeepSeek，从最基础的操作到高级的应用技巧，应有尽有。你会学到如何用 DeepSeek 优化工作流程、提升工作效率，还将学到如何用它激发创意、解决实际问题。

本书不仅适合那些对 AI 一窍不通的初学者，也适合那些已经在工作中使用 AI，但还想进一步提升技能的人。无论你是上班族、创业者，还是学生、宝妈，都能从本书中找到适合自己的内容。它会帮助你在 AI 时代中站稳脚跟，甚至脱颖而出。

最后，我想说的是，AI 不是选择题，而是生存题。在这个快速发展的时代，我们如果不想被时代抛弃，就必须主动拥抱变化，掌握新技术。本书就是你的起点，让我们一起开启 AI 之旅，成为新时代的"AI 六边形战士"吧！

希望本书能成为你在工作、生活上的好帮手，祝你在 AI 的世界里越走越远！

目　录

第1章

走进 DeepSeek，让 AI 成为你的
私人助理

在人工智能技术飞速发展的今天，DeepSeek 如同一颗耀眼的新星，一夜之间成为全民皆知的人工智能（Artificial Intelligence, AI）工具。它的出现，不仅标志着我国在人工智能领域的重大突破，更预示着职场能力的一次革命性提升。DeepSeek 以其强大的功能、易用性和本土化优势，迅速渗透各行各业，必将成为职场人提升效率、优化决策、释放创造力的得力助手。先让 AI 成为你的私人助理，希望在 AI 工具的加持下，你能够早日升级为"超级个体"。

1.1　你好！DeepSeek：中国人自己的人工智能

在当今数字化时代，AI正以前所未有的速度改变着我们的生活和工作方式。我国自主研发的DeepSeek作为国内AI技术的佼佼者，无论是对职场人士、学生还是普通用户，都提供了极大的便利与效率提升的机会。它不仅是一个工具，更是连接人与技术的桥梁，帮助用户轻松应对复杂任务，释放创造力，提升生产力。DeepSeek的出现标志着我国在AI领域迈出了坚实的一步。

1.1.1　效率革命：从"996"到"955"

在传统的职场环境中，许多职场人不得不面对繁重的工作任务和低效的工作流程。无论是撰写报告、整理数据，还是设计演示文稿，这些任务往往都会耗费人们大量的时间和精力。随着DeepSeek的出现，这一局面得到了改变。通过AI技术的赋能，DeepSeek能够自动化处理大量重复性任务，将原本需要数小时甚至数天的工作压缩到几分钟内完成。

例如，一位市场分析师需要撰写一份行业报告，按传统方式可能需要花费数天时间收集数据、分析趋势并撰写内容。而借助DeepSeek，只需输入简单的指令，它便能快速生成高质量的报告初稿，分析师只需在此基础上进行微调即可。这种效率的提升，不仅让职场人从繁重的任务中解放出来，还为他们赢得更多的时间去思考战略性问题，提升了他们的工作效率。

1.1.2　决策优化：从"经验驱动"到"数据驱动"

在职场中，决策的质量往往直接影响到工作的成败。然而，传统的决策方式往往依赖于个人的经验和直觉，缺乏科学的数据支持。DeepSeek 的强大数据分析能力，为职场人提供了全新的决策工具。通过 AI 技术，DeepSeek 能够快速处理海量数据，挖掘隐藏在其背后的规律和趋势，为决策者提供精准的洞察和建议。

例如，一位销售经理需要制定下一季度的销售策略。其传统方式可能非常依赖于历史数据和市场调研，但 DeepSeek 可以通过分析市场动态、消费者行为、竞争对手策略等多维度数据，生成一份详尽的销售策略报告。这种数据驱动的决策方式，不仅提高了决策的科学性，还大大降低了决策风险。

1.1.3　创造力释放：从"工具人"到"创意大师"

在许多职场人的日常工作中，创造力的发挥往往受到工具和资源的限制。DeepSeek 的出现，为职场人提供了一个强大的创意助手。无论是撰写文案、设计图片，还是策划活动，DeepSeek 都能提供灵感和支持，帮助职场人突破思维局限，释放创造力。

例如，一位广告策划师需要为一款新产品设计推广方案。传统做法是进行多次头脑风暴和反复修改，而 DeepSeek 可以根据产品特点和目标用户，快速生成多个创意方案，并提供详细的内容建议。策划师只需在此基础上进行优化和调整，便能快速完成高质量的推广方案。这种创意赋能，不仅提升了工作效率，还让职场人从"工具人"的角色中解放出来，真正成为"创意大师"。

1.1.4 学习与成长：从"被动接受"到"主动进化"

在快速变化的职场环境中，持续学习和自我提升是每个职场人必须面对的挑战。DeepSeek 不仅是一个工具，更是一个学习平台。通过 AI 技术，DeepSeek 能够根据用户的需求和兴趣，提供个性化的学习资源和指导，帮助用户快速掌握新技能，提升职业竞争力。

例如，一位程序员希望学习最新的编程语言，但面对海量的学习资源，往往感到无从下手。DeepSeek 可以根据程序员的基础水平和学习目标，推荐最适合的学习路径，并提供实时的答疑和指导。这种个性化的学习体验，不仅提高了学习效率，还让职场人从"被动接受"转变为"主动进化"，在职场中始终保持竞争力。

1.1.5 协作与沟通：从"单打独斗"到"团队共赢"

在现代职场中，团队协作和沟通能力越来越重要。DeepSeek 通过 AI 技术为团队协作提供了全新的工具和方式。无论是项目管理、任务分配，还是沟通协调，DeepSeek 都能提供智能化的支持，帮助团队更高效地完成任务。

例如，一个跨部门项目团队需要协调多个任务和资源，传统做法是召开多次会议和不断沟通，而 DeepSeek 可以通过智能化的任务管理系统，自动分配任务、跟踪进度，并提供实时的沟通支持。这种智能化的协作方式，不仅提高了团队的工作效率，还增强了团队的凝聚力和执行力。

1.1.6 职业发展：从"单一技能"到"多维能力"

在AI时代，职场人的职业发展路径也在发生变化。DeepSeek通过提供多维度的能力支持，帮助职场人从"单一技能"向"多维能力"转变。无论是技术能力、管理能力，还是创新能力，DeepSeek都能提供相应的工具和资源，帮助职场人全面提升职业素养。

例如，一位中层管理者希望提升自己的管理能力，但面对复杂的管理理论和实践，往往感到无从下手。DeepSeek可以根据中层管理者的实际需求，提供个性化的管理培训和指导，并通过AI技术模拟真实的管理场景，帮助中层管理者在实践中提升能力。这种多维度的能力提升，不仅增强了职场人的职业竞争力，还为他们打开了更广阔的职业发展空间。

1.1.7 未来展望：从"AI工具"到"职场伙伴"

DeepSeek的出现，不仅改变了职场人的工作方式，更预示着未来职场的新形态。随着AI技术的不断发展，DeepSeek将从一个简单的工具，逐渐演变为职场人的"智能伙伴"。无论是对日常工作的支持，还是对职业发展的指导，DeepSeek都将成为职场人不可或缺的助手。

在未来，DeepSeek可能会进一步融入职场人的日常生活中，提供更加个性化和智能化的服务。例如，通过分析职场人的工作习惯和兴趣，DeepSeek可以为其自动推荐最适合的职业发展路径，并提供实时的职业指导。这种智能化的职场伙伴，不仅提升了职场人的工作效率，还为他们创造了更多的职业机会。

DeepSeek的横空出世，标志着职场能力的一次革命性提升。通过效率革命、决策优化、创造力释放、学习与成长、协作与沟通、职业发展等多维度的支持，DeepSeek正在改变职场人的工作方式和职业发展路径。未来，随着AI技术的不断发展，DeepSeek将成为职场人不可或缺的智能伙伴，帮助他们在AI时代中脱颖而出，实现职业梦想。

1.2　DeepSeek的独特优势

市场上的AI工具五花八门，常见的有豆包、智谱清言、KIMI、ChatGPT等，这是一个竞争激烈的市场。DeepSeek之所以能够"火出圈"，是因为它相较于其他AI工具，具有独特的性能优势和创新的技术理念。

1.2.1　本土化适配

DeepSeek在本土化方面做出了诸多努力且成果显著。它深入了解不同地区用户的语言习惯、文化背景及实际需求。在语言层面，它对中文等多种本土语言有着精准的理解和处理能力。

它不仅能够识别出各种方言表述，还能准确把握中文语境中的微妙语义和情感倾向，无论是正式的商务语言，还是日常的口语化表达，它都能进行妥善处理，从而为本土用户提供更加自然、流畅的交互体验。

从文化角度来看，DeepSeek 融入了大量本土文化元素和知识体系。这使得它在处理涉及本土文化、传统习俗、历史故事等相关内容时，能够给出贴合实际且准确丰富的回答，极大地增强了用户的认同感和亲近感。同时，针对本土市场的特定应用场景，如某些行业规范、政策法规解读等，DeepSeek 进行了针对性的优化，以更好地满足本土用户在这些方面的需求。

1.2.2　推理能力

DeepSeek 的推理能力堪称一绝。它具备强大的逻辑分析能力，在面对复杂问题时，能够深入剖析问题的本质和内在逻辑关系。例如，在解答数学、物理等学科的复杂题目时，它不仅能够给出正确答案，还能详细地展示推理过程，清晰地给出每一步的依据和思路，帮助用户更好地理解问题。

在实际应用场景中，DeepSeek 的推理能力也大放异彩。例如，在商业决策支持方面，它可以根据大量的市场数据、行业动态以及企业自身的运营情况，进行全面深入的分析推理，为企业提供合理的决策建议。这种出色的推理能力使得 DeepSeek 在众多 AI 工具中脱颖而出，为用户解决各种复杂问题提供了有力支持。

1.2.3 成本效益

DeepSeek 在成本效益方面表现卓越。对于一般用户而言，无论是通过网页使用，还是通过手机应用程序使用，都完全免费。对于有开发需求的开发者而言，DeepSeek 提供应用程序编程接口（API）调用服务，根据模型输入和输出的总 Token 数进行计费，收费也较为合理。用户无须花费高昂的费用，就能享受到高质量的 AI 服务。

1.3 快速上手 DeepSeek，只需 4 步

使用 DeepSeek 并不难，只需要弄清 4 个关键操作，就能快速上手，用上这款强大的 AI 工具。

1.3.1 网页登录：免费好用的 AI 平台

通过网页端登录并使用 DeepSeek 非常简单，只需 3 个步骤。

1. 找到网页地址

在浏览器中输入官方网址即可进入 DeepSeek 登录界面。

2. 完成登录信息验证

（1）验证码登录。在网页对话框中输入电话号码，单击"发送验证码"按钮，填写收到的验证码后，即可登录账号，开始使用 DeepSeek。网页版适合大多数用户，无须下载安装，一次登录，以后随时随地打开浏览器即可使用，具体如图 1-1 所示。

图1-1　DeepSeek 验证码登录界面

（2）微信扫码登录。在网页对话框中单击"使用微信扫码登录"按钮，便可使用微信扫码登录到 DeepSeek 中。需要注意的是，首次使用微信扫码登录，扫码后，仍需绑定手机号，具体如图1-2、图1-3所示。

图1-2　微信扫码登录界面　　　　图1-3　扫码后绑定手机号界面

（3）密码登录。点击登录界面的"密码登录"，输入手机或邮箱地址，再输入密码，即可完成密码登录。若还未注册，可单击"立即注册"按钮根据引导完成注册，若忘记密码，可单击"忘记密码"按钮后根据引导找回密码，具体如图 1-4 所示。

图1-4　密码登录界面

3. 初次使用

完成注册后再进入 DeepSeek 网页，即可看到网页端 DeepSeek 的交互界面。此处，可看到官方设置的欢迎语："我是 DeepSeek，很高兴见到你！"（见图 1-5）。

图1-5　网页端 DeepSeek 交互界面

1.3.2 手机登录：随时随地解决问题

如果想在手机上使用 DeepSeek，可以在官网下载并安装 DeepSeek 手机应用程序，完成登录后即可在手机端使用 AI 功能。无论是通勤路上还是外出办公，手机版都能让你随时获取 AI 支持，具体如图 1-6 所示。

图 1-6 DeepSeek 手机登录界面

1.3.3 API 登录：高阶开发者的好帮手

对于开发者或企业用户，可选择使用 DeepSeek 提供的 API 接口，将 AI 功能集成到自有系统中。通过 API，开发者可以构建更复杂的应用场景，实现智能化升级。

1. 进入 API 开放平台

在浏览器中输入官方网址，即可进入 DeepSeek 主页，在网页右上角单击 API 开放平台按钮，即可进入 DeepSeek 的 API 开放平台，具体如图 1-7 所示。

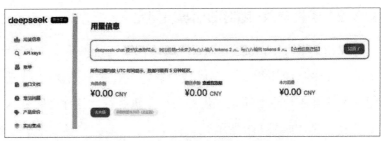

图 1-7　DeepSeek 的 API 开放平台界面

2. 创建 API key

如果想使用 API 服务，需要先创建 API key。可单击 API 开放平台左侧的"API keys"按钮，进入 API key 创建页面，单击页面上的"创建 API key"按钮，即可创建成功，具体如图 1-8 所示。

图 1-8　创建 API key 页面

1.3.4　发送指令：与 DeepSeek 的第一次互动

使用 DeepSeek 的第一步，是学会如何提出有效的问题。一个清晰、具体的指令能够帮助 DeepSeek 更好地理解你的需求，并给出高质量的回复。以下是提问的基本原则。

1. 明确任务目标

在提问时，首先要明确你想要完成的任务是什么。例如："夏天了，很热，我可以去哪些地方避暑呢？"

2. 提供上下文信息

如果有相关的背景信息或限制条件，记得一并提供给DeepSeek。例如："暑假到了，我想带孩子一起去有水、有美食的地方旅行，不要爬山。"

3. 使用结构化提问

结构化提问可以帮助 DeepSeek 更精准地理解你的需求。示例如下。

（1）角色。你希望 DeepSeek 扮演什么角色？如"小红书博主"。

（2）任务。你需要完成的具体任务是什么？如"撰写一篇推广文案"。

（3）目标。你希望达到的效果是什么？如"吸引年轻用户群体"。

（4）限制条件。是否有字数、风格或格式要求？如"字数控制在 500 字以内，风格轻松活泼"。

接下来一起操作一下！在 DeepSeek 对话框里输入以下文字：

作为一名市场营销专家，帮我撰写一篇推广智能手表的文案，目标用户是 25～35 岁的都市白领，要求突出健康监测功能和时尚的设计，300 字左右。

通过这种方式，DeepSeek 能够快速理解你的需求，并生成符合预期的内容，具体如图 1-9、图 1-10 所示。

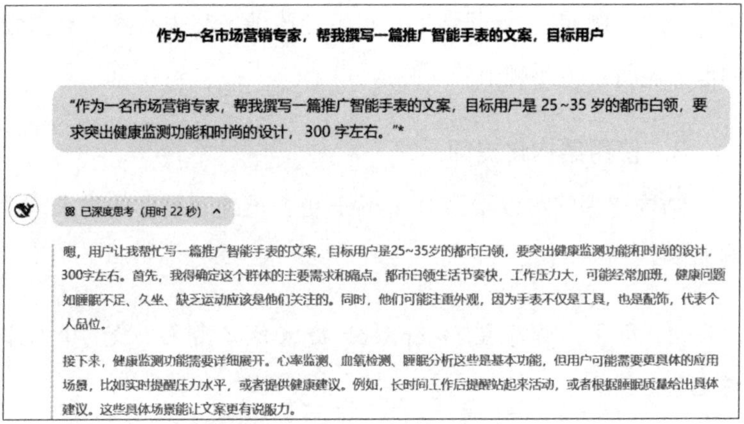

作为一名市场营销专家，帮我撰写一篇推广智能手表的文案，目标用户

"作为一名市场营销专家，帮我撰写一篇推广智能手表的文案，目标用户是 25~35 岁的都市白领，要求突出健康监测功能和时尚的设计，300 字左右。"*

已深度思考（用时 22 秒）

嗯，用户让我帮忙写一篇智能手表的文案，目标用户是25~35岁的都市白领，要突出健康监测功能和时尚的设计，300字左右。首先，我得确定这个群体的主要需求和痛点。都市白领生活节奏快，工作压力大，可能经常加班，健康问题如睡眠不足、久坐、缺乏运动应该是他们关注的。同时，他们可能注重外观，因为手表不仅是工具，也是配饰，代表个人品位。

接下来，健康监测功能需要详细展开。心率监测、血氧检测、睡眠分析这些是基本功能，但用户可能需要更具体的应用场景，比如实时提醒压力水平，或者提供健康建议。例如，长时间工作后提醒起来活动，或者根据睡眠质量晚给出具体建议。这些具体场景能让文案更有说服力。

图 1-9　向 DeepSeek 输入指令

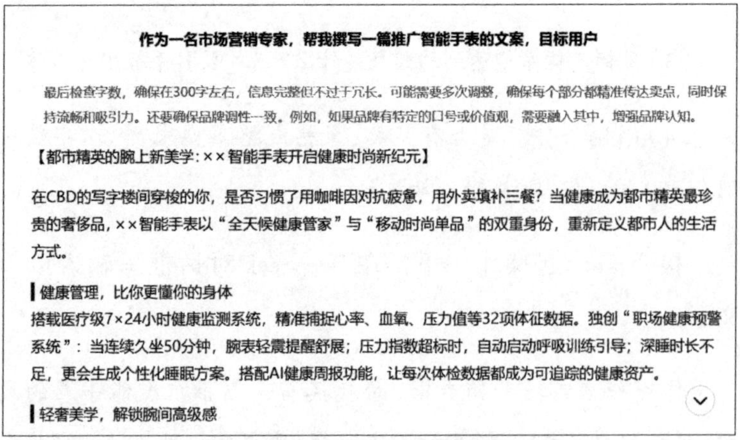

作为一名市场营销专家，帮我撰写一篇推广智能手表的文案，目标用户

最后检查字数，确保在300字左右，信息完整但不过于冗长。可能需要多次调整，确保每个部分都精准传达卖点，同时保持流畅和吸引力。还要确保品牌调性一致。例如，如果品牌有特定的口号或价值观，需要融入其中，增强品牌认知。

【都市精英的腕上新美学：××智能手表开启健康时尚新纪元】

在CBD的写字楼间穿梭的你，是否习惯了用咖啡因对抗疲惫，用外卖填补三餐？当健康成为都市精英最珍贵的奢侈品，××智能手表以"全天候健康管家"与"移动时尚单品"的双重身份，重新定义都市人的生活方式。

▍健康管理，比你更懂你的身体

搭载医疗级7×24小时健康监测系统，精准捕捉心率、血氧、压力值等32项体征数据。独创"职场健康预警系统"：当连续久坐50分钟，腕表轻震提醒舒展；压力指数超标时，自动启动呼吸训练引导；深睡时长不足，更会生成个性化睡眠方案。搭配AI健康周报功能，让每次体检数据都成为可追踪的健康资产。

▍轻奢美学，解锁腕间高级感

图 1-10　DeepSeek 反馈结果

小练习

　　尝试向 DeepSeek 提出你的第一个问题。你可以从简单的任务开始，例如"帮我写一封邮件，通知团队成员明天下午 3 点开会"或者"为我的健身工作室设计一条朋友圈文案，突出'轻松塑形'的理念"。

　　通过不断练习，你将逐渐掌握与 DeepSeek 高效沟通的技巧，让 AI 真正成为你的"私人助理"。

第 2 章
玩转 DeepSeek，从高效提问开始

在数字化时代，AI 工具已广泛应用于人们的工作和生活中。DeepSeek 作为 AI 工具的优秀代表，能够助力用户提升效率、激发创意。但不少用户困惑：如何让 DeepSeek 成为高效工作的得力助手，实现精准、有价值的内容输出？其关键在于掌握提问技巧。本章将从基础到进阶，全面介绍使用 DeepSeek 的方法。

2.1 一步获得高质量回复，快速入门 DeepSeek

为什么别人用 DeepSeek 能 10 分钟输出爆款文案，你却总收到一堆"正确的废话"？

答案很简单：提问的精度决定 AI 的智商。本节将用一个模式、三大法则、两大技巧与一套组合拳，手把手教你入门 DeepSeek。

2.1.1 DeepSeek 深度思考模式：从"工具"到"成长教练"

平常我们用 AI，是不是经常只得到个结果，却不知道这结果是怎么来的？ DeepSeek 深度思考模式就超厉害，它会像个耐心的老师，把问题一步步拆开分析，不仅给出答案，还把思考过程清清楚楚地展示出来，就像给我们配备了一个专属的"成长教练"，超有用!

👤 **场景 1：快速厘清复杂问题关系**

当我们需要对大量资料进行分析时，利用 DeepSeek 深度思考模式不仅能得出分析结论，还能清晰展示分析过程，方便与他人沟通。

实用技巧：当有大量资料需要分析时，使用 DeepSeek 深度思考模式进行处理，仔细查看分析过程，梳理关键信息。

案例分析：一家市场调研公司要分析 50 篇关于某新兴电子产品的行业文章，了解产品的市场趋势、用户需求等。使用 DeepSeek 普通模式和深度思考模式的对比如表 2-1 所示。

表 2-1　使用 DeepSeek 普通模式和深度思考模式的对比表 1

模式	内容	收获
普通模式	快速得出关于 50 篇新兴电子产品行业文章的分析结论，如"该产品未来市场需求会增长"，但无具体分析依据	仅得到结论，难以深入了解市场趋势背后的原因； 在与客户沟通时缺乏说服力，难以获得更多业务机会
深度思考模式	先对 50 篇文章进行关键词提取，统计关键词出现频率，如"续航提升需求"提及次数最多，综合分析得出"该产品未来市场需求会增长"的结论	清晰知晓市场需求增长结论的推导过程，能从多方面详细解释市场趋势； 在与客户沟通时更具说服力，可获得客户信任，赢得更多合作机会

场景 2：助力学习提升思维能力

DeepSeek 深度思考模式通过展示推理过程，帮助职场人学习新的分析方法，提升其思维能力。

实用技巧：遇到工作难题时，借助 DeepSeek 深度思考模式的推理过程，总结方法，并应用到类似问题中。

案例分析：小李是广告策划公司的新人，负责策划一款新零食广告方案。他要分析市场上同类产品广告的优缺点，但毫无头绪。表 2-2 展示了他使用 DeepSeek 普通模式和深度思考模式分析内容时得出的结果。

表 2-2　使用 DeepSeek 普通模式和深度思考模式的对比表 2

模式	内容	收获
普通模式	直接给出同类产品广告的优缺点结论，如成功广告创意好、失败广告文案不佳，但没有具体分析过程	仅知道广告结果的好坏，无法了解如何得出的这些结论的过程，难以从中学习到分析方法；在面对新的广告策划任务时，依旧缺乏有效思路，工作能力提升缓慢
深度思考模式	先按广告投放平台、目标受众年龄层、广告风格等维度对案例进行分类；再从广告的创意、文案、视觉效果等方面进行对比分析；最后总结出成功广告突出产品特色、吸引目标客户群体等关键因素	掌握系统的广告案例分析方法，学会从多个维度剖析广告；在之后的工作中，能快速分析竞品广告，并将所学运用到新的策划任务里，做出更有创意和针对性的广告方案，实现工作能力的显著提升

场景 3：提供科学的决策依据

决策者在做商业决策时，DeepSeek 深度思考模式能为其提供全面分析，帮助决策者根据自身实际情况做出更合适选择。

实用技巧：做决策前，将相关信息输入 DeepSeek，并启用深度思考模式，仔细研究其分析和推理的过程，并结合自身需求做出判断。

案例分析：小张打算创业开饮品店，但在奶茶店和咖啡店之间犹豫不决。他把店铺选址、周边消费群体喜好、原材料成本、设备采购费用等信息输入 DeepSeek，并启用深度思考模式。表 2-3 展示了他使用 DeepSeek 普通模式和深度思考模式分析内容时得出的结果。

表 2-3　使用 DeepSeek 普通模式和深度思考模式的对比表 3

模式	内容	收获
普通模式	直接给出开奶茶店收益更高的结论，未展示具体分析过程	只能依据收益结论做出决策，忽略自身兴趣爱好等其他重要因素，这样可能做出不契合自身实际情况的选择，影响创业热情和长期经营意愿
深度思考模式	综合店铺选址、周边消费群体喜好、原材料成本、设备采购费用等信息，分析出奶茶店从商业收益角度更具优势；同时展示其分析过程，包括各因素对收益的影响方式和程度等	不仅知道开奶茶店收益高的结论，还清楚其背后的推理依据；能结合自身对咖啡的兴趣爱好和专业知识，做出更符合个人实际情况的决策，增强创业信心，提高创业成功概率

2.1.2　AI 指令三大基础法则：让 AI 秒懂你的需求

模糊指令意味着低质量输出，精准提问意味着"开挂般"的生产力。

身为职场人、创作者，想必你也有过这样的困扰：满心期待让 DeepSeek 帮忙，结果得到的却是一堆毫无价值的内容。问题出在哪？就在于提问太模糊！

在这个分秒必争的时代，掌握精准提问的技巧，让 AI 瞬间明白你的需求，产出高质量成果，无疑是提升效率的关键。

接下来，我们就带你解锁让 AI 秒懂需求的基础法则，让你的工作和创作效率直线飙升。

📭 法则1：给细节

你给AI的细节越多，AI给你的结果就越有针对性。

错误示范：输入简单的提示词"写篇产品分析"，这样可得到AI生成的10页冗长报告，毫无重点。

正确操作：使用有细节的指令模板，如【目标用户】+【具体领域】+【输出结构】。

实践对比：使用模糊指令与精准指令生成自媒体人需要的小红书爆款标题的效果对比，具体如表2-4所示。

表2-4　模糊指令与精准指令生成效果对比表

指令类型	指令内容	所得结果
模糊指令	写几个标题	"智能手表推荐""科技产品分享"等缺乏针对性的标题
精准指令	为【职场女性】设计5个适合智能手表推广的【小红书爆款标题】，【包含省时、时尚等关键词】	职场开挂神器！1秒切换会议模式，精致女孩都在偷偷用，别再浪费时间！这块表让你每天多睡2小时，通勤党必入等紧扣需求的爆款标题

📭 法则2：给人设

你为AI设定的角色越清晰，AI给出的回复就越能贴合你的需求，达到付费咨询级别的对话效果。

错误示范：输入简单的提示词"分析竞品"，得到的只是泛泛而谈的优缺点列表，没有重点，缺乏针对性。

正确操作：使用带人设的指令模板，如【设定角色】+【具体任务】+【输出要求】。

实践对比：使用不带人设指令与带人设指令生成创业者需要竞品分析报告的效果对比，具体如表2-5所示。

表2-5　不带人设指令与带人设指令生成效果对比表

指令类型	指令内容	所得结果
不带人设指令	分析竞品	泛泛罗列优缺点，缺乏独特视角
带人设指令	你是一位【资深科技产品分析师】，请你找到市场上最热门的5款智能手表并进行全面分析，结果以【表格形式】呈现	简洁清晰地呈现出各热门智能手表多维度的关键信息，为从业者分析提供直观参考

法则3：给台阶

你给AI设定分步指令，就像给它搭好台阶，让它产出更具落地价值的内容。

错误示范：输入简单的提示词"写份营销方案"，结果AI堆砌空洞理论，毫无落地价值。

正确操作：分步骤下指令，示例如下。

第一步：总结2024年社交媒体五大爆款元素。

第二步：筛选最适合"智能家居"产品的3个元素。

第三步：设计一套执行计划，包含目标、预算分配和效果预估。

实践对比：不分步骤指令与分步骤指令生成 HR 需要的招聘文案的效果对比，具体如表 2-6 所示。

表 2-6　不分步骤指令与分步骤指令生成效果对比表

指令类型	指令内容	所得结果
不分步骤指令	写个招聘启事	模板化的招聘启事内容，缺乏针对性和吸引力
分步骤指令	第一步：列出程序员招聘岗位描述的 6 个核心模块（如技术栈、团队文化等）	包含技术栈、团队文化等方面的 6 个程序员招聘岗位描述核心模块
	第二步：为"区块链开发工程师"岗位设计"极客文化"相关描述，要求包含两个网络"热梗"	带有"极客文化梗"的区块链开发工程师岗位相关描述
	第三步：将以上内容整合成 500 字以内的招聘文案，用"薪资 open"吸引候选人	符合要求，包含特定内容且具有吸引力的 500 字以内的招聘文案

2.1.3　AI 指令两个实用技巧：让 AI 成为你的最强外脑

写文案时灵感枯竭、做设计毫无头绪，这些事是不是常让你感到焦头烂额？

别担心，只要你掌握范例教学和逆向提问这两个实用技巧，就能轻松开启 AI 的创意大门。想知道如何用它们挖掘 AI 的创意潜能，让灵感源源不断吗？

下面就为你详细介绍，帮你突破创意瓶颈。

技巧1：范例教学——用AI最擅长的"像素级模仿"

给AI提供明确的参考案例并追加指令，就能让AI产出风格统一、贴合需求的内容。

万能模板：仿照案例风格，【做某件事】。

使用效果如表2-7所示。

表2-7　无示例指令与有示例指令生成效果对比表

指令类型	指令内容	指令结果
无示例指令	为国庆节写5篇文章标题	《国庆节快乐》《国庆出游指南》《国庆怎么过》《庆祝国庆节》《国庆小知识》
有示例指令	仿照案例风格，为国庆节写5篇文章标题 参考案例：《以奋斗之姿，续写时代华章》	《以爱国之情，点燃国庆华章》《用赤诚之心，共绘国庆盛景》《凭民族之魂，奏响国庆强音》《以奋进之态，礼赞国庆佳节》《借团结之力，同贺国庆辉煌》

技巧2：逆向提问——让AI为你提供更多提问思路

让AI帮你梳理关键问题，厘清做某件事的需求描述思路。

万能模板：我要【做某件事】，但不知道如何描述需求，请列出5个关键问题帮我厘清思路。

使用效果如表2-8所示。

表 2–8 "让 AI 列出关键问题"指令生成效果表

场景	指令	AI 反馈
产品经理设计新功能	我要优化智能手表的睡眠监测功能，请提出 5 个关键问题	（1）用户当前对睡眠监测的主要抱怨是什么 （2）竞品中哪些功能获得高频好评 （3）硬件传感器精度是否达到医疗级标准 （4）如何将数据可视化，以提升用户体验 （5）是否需要加入个性化改善建议（如睡前冥想提醒）
新媒体运营策划活动	我要在公众号策划国庆主题活动，请列出 5 个关键问题	（1）目标用户群体对国庆活动的兴趣点在哪里 （2）在过往同类型公众号中，国庆活动有哪些成功案例 （3）活动预算支持哪些奖品设置 （4）如何提高用户参与活动的便捷性 （5）怎样利用活动提升公众号粉丝留存率

2.1.4 提升 AI 输出效果的组合拳：提问、追问、整合

AI 不会淘汰人类，但会淘汰不懂与 AI 协作的人。

在 DeepSeek 等工具普及的今天，提问、追问、整合的能力，正成为区分"效率革命者"与"数字难民"的核心标尺。

本节将揭示我们如何通过这 3 项能力，将 AI 从"信息搬运工"升级为"超级外脑"。

1. 提问：像训练新员工一样训练 AI

在与 AI 交互的过程中，提问的精准度直接决定了 AI 输出内容的质量。如同训练新员工时需要明确、具体地传达任务要求一样，向 AI 提问也需要遵循精准原则，这样才能得到符合预期的答案。提问的使用技巧如表 2–9 所示。

表2-9 提问的使用技巧

场景	错误/模糊提问	正确/精准提问	原理	指令公式及案例应用
职场场景	整理市场数据→AI输出未清洗的原始表格	提取2024年Q3新能源汽车行业抖音、小红书、B站的用户评论数据，按"续航焦虑""充电速度""外观设计"3个维度分类，用Excel表格展示高频关键词及其出现频次	采用"品类+规格+禁忌"的逻辑明确需求，其中"品类"指数据类型，"规格"涵盖时间、平台、分类维度等，"禁忌"为不想要的结果（如原始未清洗数据）	指令公式：【任务主题】+【具体要求（时间、平台、分类维度等）】+【输出格式】案例应用：任务主题是提取新能源汽车行业用户评论数据；具体要求包括特定时间、平台及分类维度、展示关键词频次；输出格式为Excel表格
生活场景	推荐旅游景点→输出大众化清单	生成一份3天杭州亲子游攻略，要求：（1）包含2个博物馆和1个户外乐园；（2）餐厅需有儿童餐且人均<100元；（3）用时间轴形式标注行程，附加交通换乘方案	同样基于"品类+规格+禁忌"逻辑明确需求，其中，"品类"是亲子游攻略，"规格"包含行程天数、场所、餐饮、行程标注等要求，"禁忌"即非个性化推荐	指令公式：【任务主题】+【具体要求（行程天数、场所、餐饮、行程标注形式等）】案例应用：任务主题是生成杭州亲子游攻略；具体要求有行程天数、包含场所、餐饮标准、行程标注形式等
创业者案例	设计品牌口号→输出"创新引领未来"等陈词滥调	我们是一家面向"Z世代"的汉服品牌（背景），主打"传统纹样+科技面料"（差异化），需一句10字内的口号（限制），参考案例："中国李宁""观夏昆仑煮雪"（范例）	为AI提供背景、差异化及范例等信息，使其更精准地把握需求	指令公式：【背景信息】+【差异化特点】+【任务要求（如字数限制）】+【参考范例】案例应用：背景信息是面向Z世代的汉服品牌；差异化特点为"传统纹样+科技面料"；任务要求是10字内口号；参考范例为相关知名品牌口号

续表

场景	错误/模糊提问	正确/精准提问	原理	指令公式及案例应用
学术场景	如何写文献综述?→输出通用框架	我研究"AI对制造业就业的影响"(背景)，已收集50篇中外文献(基础)，请按"技术替代—技能升级—政策应对"结构梳理争议点(框架)，用表格对比各学派的核心观点(格式)	向AI提供研究背景、已有基础、梳理框架要求和输出格式，让其输出符合学术需求的内容	指令公式:【研究背景】+【已有基础】+【梳理框架要求】+【输出格式】案例应用:研究背景是"AI对制造业就业的影响"；已有基础为收集的50篇文献；梳理框架要求是按特定结构梳理争议点；输出格式为用表格对比观点
运营人场景	分析竞品活动→输出冗长文字	用甘特图展示竞品"6·18"活动节奏，标注预热期/爆发期/返场期的时间节点、主推产品和流量渠道，附加各阶段独立访客(UV)转化率对比	指定输出格式和标注内容，使AI输出更具针对性和实用性	指令公式:【任务主题】+【输出格式(甘特图)】+【具体标注内容要求(时间节点、主推产品等)】案例应用:任务主题是分析竞品"6·18"活动；输出格式为甘特图；具体标注内容要求涵盖活动各阶段的关键信息及转化率对比
「学生党」场景	总结实验步骤→杂乱无章	将聚合酶链式反应(PCR)实验流程拆解为"准备—扩增—检测"3个阶段，每阶段用"步骤+注意事项"格式呈现，关键试剂用量加粗标红	明确任务拆解方式和输出格式，便于AI清晰呈现实验步骤相关内容	指令公式:【任务主题】+【任务拆解要求】+【输出格式(每阶段呈现形式、关键内容标注)】案例应用:任务主题是总结PCR实验步骤；任务拆解要求是分为3个阶段；输出格式包括每阶段呈现形式和关键试剂用量标注

在与 AI 交互时，精准提问是获取高质量答案的关键，不同场景下只有根据需求合理运用指令公式，才能让 AI 更好地满足多样化的任务要求。

2. 追问：把 AI 变成"24 小时在线顾问"

在与 AI 的交互中，追问对获取高质量、高密度信息起着关键作用，能让 AI 成为得力的"24 小时在线顾问"。通过合理追问，我们可引导 AI 深入剖析问题，提供更具价值的内容。

追问的使用技巧如表 2-10 所示。

表 2-10　追问的使用技巧

场景	初阶提问	追问策略	指令公式及案例应用
行业研究报告场景	分析智能家居市场趋势，输出宏观概述	步骤 1：补充 2024 年智能安防设备在二、三线城市的渗透率数据 步骤 2：列举 3 家区域型企业的渠道下沉策略 步骤 3：用 SWOT 模型对比海尔与小米的生态布局差异	指令公式（以步骤 1 为例）：【基于原问题相关内容】+【补充特定数据 / 信息要求】。 案例应用： 步骤 1：【基于原问题相关内容】是智能家居市场趋势里的智能安防设备，【补充特定数据 / 信息要求】是 2024 年二、三线城市渗透率数据 步骤 2：【基于原问题相关内容】（智能家居市场企业策略）+【列举特定企业的特定策略要求】（3 家区域型企业渠道下沉策略） 步骤 3：【基于原问题相关内容】（智能家居企业生态布局）+【用特定模型对比特定企业差异要求】（用 SWOT 模型对比海尔与小米的生态布局差异）

续表

场景	初阶提问	追问策略	指令公式及案例应用
职场应用场景	AI建议"提升用户黏性"，但未给出落地方法	请针对母婴社群，设计一套"签到＋用户生产内容（UGC）奖励＋闪购"的用户黏性提升方案，预算不超过5000元/月	指令公式：【针对AI原建议的应用场景】＋【具体方案形式要求】＋【限制条件（如预算）】 案例应用：此案例中，【针对AI原建议的应用场景】是母婴社群，【具体方案形式要求】是"签到＋用户生产内容（UGC）奖励＋闪购"黏性提升方案，【限制条件】是预算不超5000元/月
创业者案例	如何降低用户获客成本	如果砍掉信息流投放，用裂变活动替代，可能产生哪些风险？列举3种低成本裂变玩法，并预估每种的成本/转化率。假设活动参与率仅5%，请给出备选应急方案	指令公式（以第1个追问为例）：【基于原问题的解决方案假设】＋【询问该假设可能产生的风险/影响】 案例应用： 第1个追问：【基于原问题的解决方案假设】是砍掉信息流投放改用裂变活动替代，【询问该假设可能产生的风险/影响】是可能产生的风险 第2个追问：【基于原问题的解决方案（裂变活动）】＋【列举特定玩法及预估指标要求】（3种低成本裂变玩法及成本/转化率预估） 第3个追问：【基于原问题的假设结果（活动参与率仅5%）】＋【询问应对该结果的方案】（给出备选应急方案）

在各类场景中合理运用追问技巧，可充分发挥AI的优势，为我们的决策和执行提供有力支撑，让AI更好地服务于我们的工作和生活。

3. 整合：从"AI碎片"到"知识晶体"

AI输出内容若缺乏整合，就难以发挥价值。

整合能把碎片化的信息转化为高价值的"知识晶体"，提升信息的可用性。

（1）信息蒸馏，提取"高纯度结论"。在利用 AI 获取信息的过程中，原始输出往往包含大量冗余内容，"信息蒸馏"就显得尤为重要。它能够从繁杂的 AI 生成内容中提取"高纯度结论"，将其转化为更具价值、更便于使用的信息。下面从学术、餐饮活动策划、职场汇报等多个场景，详细介绍信息蒸馏的具体应用和显著成果，具体如表 2-11 所示。

表 2-11　信息蒸馏的具体应用和显著成果

场景	原始输出	整合步骤	整合后成果
学术场景	AI 生成 30 页文献综述，内容庞杂，含大量重复观点和非核心数据	（1）删减：剔除重复论述（如不同文献对同一概念的相似定义），删除过时数据（如 2018 年前的行业报告） （2）重构：按"理论派 vs 实践派"的对立框架重组内容，理论派聚焦"AI 伦理的哲学争议"（如责任归属的"黑箱问题"）；实践派列举"企业落地 AI 伦理的 3 类方案"（如欧盟合规指南、微软 AI 原则） （3）强化：在争议点插入个人研究假设"现有研究忽视中小企业的实践困境，本研究将探索'低成本伦理合规工具箱'的可行性"	最终输出为一份 8 页的综述，结构清晰、重点突出，可直接用于论文开题答辩
餐饮活动策划场景	策略 A：会员日折扣 策略 B：异业合作	将 AI 输出的策略进行跨界融合，推出"联合周边健身房推出'卡路里兑换计划'：会员消耗 500 大卡（约 2092kJ）可兑换指定菜品，同步在抖音直播健身挑战赛"	吸引顾客的同时，借助抖音直播扩大影响力，提升活动效果

续表

场景	原始输出	整合步骤	整合后成果
职场汇报场景	纯AI输出，数据堆砌无重点	（1）AI生成数据图表、竞品案例、行业趋势 （2）人工加工：a. 插入内部业务洞察；b. 用"问题＋行动＋结果"结构串联逻辑；c. 添加领导关注的风险预警	人机整合版为直击痛点的决策支持报告，逻辑清晰、重点突出，满足领导需求

（2）跨界融合，创造"意想不到的连接"。跨界融合是一种创新思维方式，通过将不同领域、看似不相关的元素巧妙结合，创造出令人惊喜的效果，带来全新的价值和体验。在多个职场和生活场景中，这种融合都展现出了巨大的潜力，具体如表2-12所示。

表2-12　跨界融合的应用

场景	AI输出	整合创新	最终效果
餐饮行业活动策划场景	策略A：会员日折扣 策略B：异业合作	联合周边健身房推出"卡路里兑换计划"：会员消耗500大卡可兑换指定菜品，同步在抖音直播健身挑战赛	吸引了健身爱好者和餐厅会员的关注，增加了餐厅客流量，同时借助抖音直播扩大了活动影响力，提升了餐厅知名度
文旅行业宣传场景	方案A：景点介绍文案 方案B：美食推荐清单	打造"美食探寻之旅"旅游线路，将热门景点串联起来，游客在游览景点的过程中可以品尝当地特色美食，并通过短视频平台进行打卡互动，参与抽奖，赢取当地特色纪念品	吸引更多游客前来体验，提升了旅游目的地的知名度和游客的游玩体验，带动了当地旅游经济和餐饮经济的发展

续表

场景	AI输出	整合创新	最终效果
教育行业教学场景	建议A：知识竞赛 建议B：小组讨论	举办"历史穿越剧表演"活动，学生分组编写并表演历史主题短剧，在表演过程中融入学科知识，表演结束后进行小组讨论和知识问答	激发了学生的学习兴趣，提高了学生的团队协作能力、表达能力和对知识的理解与运用能力，营造了活跃的课堂氛围
家居生活场景	方案A：简约风格家具搭配建议 方案B：北欧风格色彩搭配方案	将简约风格家具与北欧风格色彩搭配相结合，同时融入日式收纳理念，在客厅设置多功能榻榻米收纳区，采用莫兰迪色系进行软装搭配	打造出美观舒适又兼具实用性的家居空间，满足了业主对个性化、功能性家居的需求
个人兴趣爱好场景（摄影与手工结合）	摄影技巧：光影运用手工制作方法：干花制作	利用干花制作立体场景（如微型花园），将其作为摄影道具，在特定光影下拍摄创意摄影作品，并制作成手工相册	创作出兼具手工艺术和摄影美感的独特作品，丰富了个人兴趣爱好的创作形式，为摄影和手工作品赋予了新的价值

（3）人机协作，让AI当"副驾驶"。在职场环境中，人机协作正逐渐成为提升工作效率与质量的关键模式。让AI充当"副驾驶"角色，辅助人类完成复杂任务，尤其是在信息整合与汇报场景中，能够发挥巨大价值。

通过合理分工，AI负责数据收集与基础分析，人类则凭借专业经验和判断力进行深度加工，二者协同合作，可产出远超单一主体能力带来的成果。下面以职场汇报场景为例，详细阐述人机协作的流程、优势及成果差异，具体如表2-13所示。

表2-13　人机协作效果示例

场景	AI生成内容	人工加工内容	纯AI输出效果	人机整合版效果
项目进展汇报场景	项目任务完成进度图表、竞品类似项目案例、行业技术发展趋势报告	（1）插入对项目执行过程中遇到的技术难题、团队协作问题的洞察分析 （2）用"项目初期遇到的问题—采取的解决方案—最终达成的成果"结构串联逻辑 （3）添加如技术更新换代可能导致项目延期、关键人员离职风险等领导关注的预警信息	数据图表和案例罗列，没有突出项目重点问题和解决方案，无法让领导快速了解项目的核心情况，不利于制定决策	形成一份结构清晰、重点突出的项目进展报告，领导能够直观了解项目全貌，包括问题、行动和成果，同时对潜在风险有清晰认识，便于及时做出决策，调整项目方向
市场推广方案汇报场景	市场规模增长趋势图、竞品推广策略案例分析、行业新兴推广渠道介绍	（1）结合公司产品特点和目标市场定位，插入对市场机会和挑战的独特洞察 （2）以"市场推广面临的问题—制定的推广行动方案—预期达到的推广效果"结构梳理逻辑 （3）增加如竞争对手大规模广告投放可能带来的市场份额冲击、新渠道政策变化风险等预警	内容零散，没有围绕公司自身推广需求进行针对性分析，无法为公司制定推广策略提供有效依据	生成一份具有针对性和可操作性的市场推广方案报告，突出了方案的重点和预期效果，同时提醒领导关注潜在风险，为公司制定市场推广策略提供有力支持

续表

场景	AI 生成内容	人工加工内容	纯 AI 输出效果	人机整合版效果
年度工作总结汇报场景	年度业务业绩数据图表、同行业公司年度业绩对比案例、行业年度发展趋势分析	（1）深入分析公司内部业务增长或下滑的原因，插入业务流程优化、团队建设等方面的洞察 （2）按照"过去一年遇到的业务问题—采取的改进行动—最终取得的业绩成果"逻辑组织内容 （3）加入如宏观经济形势变化、行业政策调整等可能影响公司未来发展的风险预警	只是数据和案例的堆砌，不能体现公司在过去一年业务运营中的关键问题和解决措施，难以让领导全面了解公司运营状况	形成一份全面、深入的年度工作总结报告，清晰呈现公司的发展脉络和业务成果，同时为领导提供风险预警，帮助公司制定更合理的下一年度发展规划

指令设计自查清单如下。

（1）**是否借助深度思考模式**。针对复杂问题或重要决策，检查是否运用了 DeepSeek 深度思考模式，研究其分析推理过程，辅助自己做出更科学的判断。

（2）**是否提供充足细节**。检查指令中有没有明确【目标用户】【具体领域】【输出结构】等关键信息，避免出现如"写篇文章"这类缺乏针对性的模糊指令。

（3）**角色设定是否清晰**。确认是否为 AI 设定了清晰的角色，像"资深科技评论家""专业产品分析师"等，使 AI 回复能精准匹配需求，而不是泛泛而谈。

（4）复杂任务有无拆解。查看对于复杂任务，有没有像"写营销方案"那样拆分成多个步骤，为 AI 搭建"台阶"，以获取更具落地价值的内容。

（5）有无参考范例辅助。思考指令里有没有提供参考案例，利用"仿照案例风格"的方式，让 AI 产出风格统一、更符合预期的结果。

（6）是否综合应用输出组合拳。是否使用提问、追问和整合的各种方法，让 AI 产出更加明确具体、能解决实际问题的方案。

2.2 六大指令模板，各类场景轻松套用

平时写东西时，你是否总在"假大空"和"没亮点"之间反复横跳？

DeepSeek 的"结构化提问法"，能帮你在 3 分钟内输出既有高度又接地气的发言稿。本节通过六大指令模板，手把手教你如何用 AI 攻克职场写作难题。

2.2.1 框架指令：搭建发言稿框架

在职场中，无论是年会致辞还是项目汇报，一份好的发言稿总能让人印象深刻。然而，很多人在写发言稿时，往往找不到头绪，写出来的内容要么偏离主题，要么缺乏重点。这时候，框

架指令就能派上大用场了。它通过明确背景、目标和要求这 3 个要素，帮你快速搭建起清晰的发言框架，让你的发言更具针对性。

这就好比你要准备一顿大餐，背景就是客人的口味和饮食习惯，目标就是让客人吃得满意，要求就是不要做太辣的菜。

1. 包含要素

要素 1：背景。你需要告诉 AI，你发言的背景。这就像是给故事设定场景，让听众一开始就能进入状态。

要素 2：目标。明确你希望通过这次发言达到的效果，这能帮 AI 锁定方向，让发言稿的内容更有针对性。

要素 3：要求。设定一些指引性的要求，如避免使用陈词滥调，或者加入一些具体案例等。这些要求能防止 AI 搭建的发言稿框架偏离轨道。

2. 完整提示词

假设你是［××角色］，面向［××受众］在［××场景］下，请重新优化以下内容，使其符合该角色的专业表达习惯：［内容或文档］。

3. 参考范例

要素 1：背景——虽然公司今年营收增长 30%，但行业竞争加剧。

要素 2：目标——撰写一篇 5 分钟的年会致辞，突出成绩与挑战，传递正能量。

要素3：要求——避免使用"砥砺前行"等陈词滥调，用用户增长案例和一线员工故事替代空话，并加入明年全员体检福利预告。

4. 参考指令

基于公司今年营收增长30%但行业竞争加剧的背景，撰写一篇5分钟的年会致辞，突出成绩与挑战，传递正能量，避免使用"砥砺前行"等陈词滥调，用用户增长案例和一线员工故事替代空话，并加入明年全员体检福利预告。

5. 最佳场景

（1）为文案、报告、演讲等快速搭建有效的内容框架。

（2）旅行计划安排、家庭聚会筹备、学习计划制订、个人目标规划。

相关场景及其参考提示词指令，如表2-14所示。

表2-14 相关场景及其参考提示词指令

场景	参考提示词指令
会议发言准备	假设你处于［会议相关背景，如公司业务进展、行业动态等］下，为达成［发言想要实现的目标，如争取支持、传达信息等］，请按照［发言要求，如时间限制、突出重点等］搭建会议发言稿框架
项目策划书编写	假设你处于［项目发起背景，如市场需求、公司战略等］下，为达成［项目预期目标，如盈利、拓展市场等］，请按照［项目策划要求，如预算限制、时间节点等］构建项目策划书框架

场景	参考提示词指令
活动方案构思	假设你处于［活动举办背景，如节日、企业周年等］下，为达成［活动目的，如吸引人气、提升品牌形象等］，请按照［活动要求，如场地限制、参与人数等］设计活动方案框架
大型演讲筹备	假设你处于［演讲相关背景，如社会热点、行业变革等］下，为达成［演讲目标，如激励听众、引发思考等］，请按照［演讲要求，如演讲风格、时间把控等］规划大型演讲框架

2.2.2 专家指令：提升内容的专业度和风格的契合度

很多人在使用AI时，虽然能够得到初步结果，但这种结果往往缺乏专业深度和精准度。这时候，专家指令就能发挥作用了。专家指令通过设定角色、背景和语言风格这3个要素，帮助AI从专业视角出发，提升内容的专业性和风格的契合度，让AI的生成更具权威性和说服力。

1. 包含要素

要素1：角色。你需要明确AI扮演的专业角色，如行业专家、资深顾问或领域权威。角色将决定AI生成内容的专业角度和深度。

要素2：背景。明确内容的专业背景，如行业趋势、技术发展或政策变化，这能让AI生成的内容更具针对性。

要素3：语言风格。根据角色和背景，选择合适的语言风格，如严谨、权威或通俗易懂，这能确保AI生成的内容既专业又易于理解。

2. 完整提示词

假设你是［××角色］，面向［××受众］在［××场景］下，请重新优化以下内容，使其符合该角色的专业表达习惯：［内容或文档］。

3. 参考范例

要素1：角色。AI作为行业资深专家，专注于市场趋势分析。

要素2：背景。当前行业数字化转型加速，市场竞争加剧。

要素3：语言风格。专业、权威，结合数据和案例进行分析。

4. 参考指令

假设你是AI行业资深专家（角色）——特别擅长市场趋势分析，面向企业决策者（受众），在行业数字化转型加速、市场竞争加剧的背景下（场景），请重新优化以下内容，使其符合该角色的专业表达习惯：［内容或文档］。

5. 最佳场景

（1）学术论文撰写、商业战略制定、技术方案评估、行业趋势研讨。

（2）健康咨询、投资理财规划、家装风格建议、书评影评撰写。

相关场景及其参考提示词指令，如表 2-15 所示。

表 2-15　相关场景及其参考提示词指令

场景	参考提示词指令
学术论文撰写	假设你是［某领域知名学者］，在［当前学术前沿背景］下，以［专业学术语言风格］完善以下关于［论文主题］的内容：［具体论文内容或思路］
商业战略制定	假设你是［行业资深商业顾问］，面对［当前行业市场竞争态势和发展趋势背景］，以［专业、权威且具有前瞻性的语言风格］优化以下关于［企业名称］的商业战略方案：［现有战略方案内容］
技术方案评估	假设你是［技术领域权威专家］，基于［当前技术发展水平和应用场景背景］，以［严谨、专业的技术分析语言风格］对以下［技术方案名称］的技术方案进行评估并给出优化建议：［技术方案详情］
行业趋势研讨	假设你是［行业领军人物］，在［当前宏观经济、政策等综合背景］下，以［深入浅出、见解独到的语言风格］分析［行业名称］的未来发展趋势，并对以下研讨观点进行补充完善：［已有的研讨观点内容］

2.2.3　审稿指令：让稿件"一次过"的秘诀

职场如战场，每次提交稿件都像打一场硬仗。你精心准备的发言稿，往往因为考虑不周而被打回，这感觉比被客户拒绝还难受。

别担心，审稿指令就是你的战术指导，能帮你提前扫"雷"，确保稿件精准命中"领导的心"。

审稿指令通过设定目标、检查点和调整建议这 3 个要素，帮助 AI 对稿件的初稿进行优化和调整，确保内容与创作目标高度一致，提升稿件的整体质量。这就好比一位经验丰富的编辑在审阅稿件时，不仅会检查内容的准确性，还会结合创作目标对稿件进行优化和调整，确保成书符合要求。

1. 包含要素

要素1：目标。明确审稿需要达成的最终目的，如确保内容逻辑清晰、信息准确、符合受众需求等。

要素2：检查点。列举具体要检查的方面，如语法错误、内容完整性、观点一致性等。

要素3：调整建议。针对可能出现的问题，提前准备一些可行的修改方向。

2. 完整提示词

假设你是［审稿对象］，为确保内容与创作目标高度契合，基于［×× 目标］，请按照［×× 检查点］进行审稿，并给出［×× 调整建议］。

3. 参考范例

要素1：目标——确保一篇科普文章准确传达科学知识，适合青少年阅读。

要素2：检查点——检查是否有科学性错误、语言是否通俗易懂、案例是否恰当。

要素3：调整建议——用简单词汇，用适合科普内容的案例。

4. 参考指令

假设你是资深教学专家，为确保内容与创作目标高度契合，基于保证一篇科普文章能准确传达科学知识、适合青少年阅读的目标（目标），请按照检查是否有科学性错误、语言是否通俗易懂、案例是否恰当的检查点（检查点）进行审稿。若有科学性错误，参考权威资料修正；语言难懂则用简单词汇替换；案例不恰当则更换合适案例（调整建议）。

5. 最佳场景

（1）文案审核、报告审查、书稿校对、法律文书审定。

（2）社交媒体发文检查、信件内容斟酌、个人日记优化、重要邮件复查。

相关场景及其参考提示词指令，如表2-16所示。

表2-16 相关场景及其参考提示词指令

场景	参考提示词指令
文案审核	假设你是［文案领域资深审稿人］，为确保文案与创作目标高度契合，基于［文案创作目标，如吸引客户、宣传产品等］，请按照［检查点，如语法错误、创意新颖性、受众吸引力等］进行审稿，并给出［相应调整建议，如更换表述方式、增加亮点元素等］：［具体文案内容］
报告审查	假设你是［报告所属领域专家］，为确保报告与创作目标高度契合，基于［报告创作目标，如汇报工作成果、提供决策依据等］，请按照［检查点，如数据准确性、逻辑连贯性、结论可靠性等］进行审查，并给出［调整建议，如补充数据来源、优化分析逻辑等］：［报告内容］

续表

场景	参考提示词指令
书稿校对	假设你是［资深图书编辑］，为确保书稿与创作目标高度契合，基于［书稿创作目标，如传播知识、讲述故事等］，请按照［检查点，如字词错误、情节合理性、语言流畅性等］进行校对，并给出［调整建议，如修改错别字、完善情节逻辑等］：［书稿内容］
法律文书审定	假设你是［资深律师］，为确保法律文书与创作目标高度契合，基于［法律文书创作目标，如保障权益、规范行为等］，请按照［检查点，如法律条款准确性、逻辑严谨性、格式规范性等］进行审定，并给出［调整建议，如补充法律依据、修正条款表述等］：［法律文书内容］

2.2.4　优化指令：精细优化至完美状态

写稿时，你总觉得初稿差些火候，反复修改却找不到方向？优化指令可以帮你解决这个烦恼。优化指令围绕优化目标、优化方法和预期效果这3个要素展开。优化目标清晰地指明你希望提升内容的哪些关键方面，如增强逻辑性、提高感染力等。优化方法是具体的操作路径，像增添生动案例、调整叙述节奏等。预期效果则像灯塔一样，引导着整个内容的优化过程。

1.　包含要素

要素1：优化目标。清晰地指明你希望提升内容的哪些关键方面，如增强逻辑性、提高感染力等。

要素2：优化方法。说明采用何种具体方式来实现优化目标，如增添生动案例、调整叙述节奏等。

要素3：预期效果。描述经过优化后希望达到的理想状态，如读者满意度升高、转化率上升等。

2. 完整提示词

请基于［××优化目标］，运用［××优化方法］，以达到［××预期效果］。

3. 参考范例

要素1：优化目标——提升一篇产品推广文案的转化率。

要素2：优化方法——增加客户购买率、突出产品独特卖点、优化文案排版。

要素3：预期效果——文案转化率提高20%。

4. 参考指令

基于提升一篇产品推广文案的转化率的优化目标（优化目标），请运用增加客户购买率、突出产品独特卖点、优化文案排版的优化方法（优化方法），以达到文案转化率提高20%的预期效果（预期效果）。

5. 最佳场景

（1）产品说明书完善、营销方案提升、网站页面优化、品牌形象重塑。

（2）个人简历改进、菜谱改良、家居收纳建议。

相关场景及其参考提示词指令，如表2-17所示。

表2-17 相关场景及其参考提示词指令

场景	参考提示词指令
产品说明书完善	请基于［提升产品说明书的可读性和易用性的优化目标］，运用［增加图表说明、简化专业术语等优化方法］，以达到［降低用户咨询率的预期效果］对以下产品说明书进行优化：［产品说明书内容］
营销方案提升	请基于［提高营销方案吸引力和转化率的优化目标］，运用［增加互动环节、优化投放渠道等优化方法］，以达到［提升营销效果，如增加销售额等预期效果］对以下营销方案进行优化：［营销方案内容］
网站页面优化	请基于［提高网站页面的用户体验和访问量的优化目标］，运用［优化页面布局、加快加载速度等优化方法］，以达到［降低跳出率、增加用户停留时间等预期效果］对以下网站页面进行优化：［网站页面内容或描述］
品牌形象重塑	请基于［重塑品牌形象，提升品牌知名度和美誉度的优化目标］，运用［更新品牌标识、调整品牌传播策略等优化方法］，以达到［吸引新客户、增强客户忠诚度等预期效果］对以下品牌形象相关内容进行优化：［品牌现有形象资料、传播文案等］

2.2.5 合规指令：让AI当你的"挑刺助手"

在处理危机公关、撰写敏感文案时，稍有不慎就可能引发严重后果。如何确保内容既满足需求，又能规避风险？合规指令能让AI成为你的"风控专家"。它通过明确合规要求、识别风险点和提供调整建议3个要素，帮助AI对内容进行全面的合规审查。合规要求划定了内容的合法边界，风险点能精准定位可能出现问题的地方，而调整建议则给出了修正错误、确保合规的具体办法。

1. 包含要素

要素1：合规要求。你需要明确内容需要遵循的相关法律法规、行业标准或内部政策等。

要素2：风险点。你需要指出内容中可能存在违反合规要求的潜在问题区域。

要素3：调整建议。AI将针对识别出的风险点，提供具体的修改措施以确保内容合规。

2. 完整提示词

依据［××合规要求］，请识别［××风险点］，并给出［××调整建议］。

3. 参考范例

要素1：合规要求，即"××法规中关于××的要求"，可以根据读者的行业自行替换。

要素2：风险点，即文案中对产品收益描述模糊、使用绝对化词汇。

要素3：调整建议，即明确收益范围、删除绝对化词汇，用客观数据说明产品优势。

4. 参考指令

为确保内容的合规性，依据一篇金融产品宣传文案需遵循的金融广告法规——不得夸大收益、虚假宣传（合规要求），请识别文案中对产品收益描述模糊、使用绝对化词汇的风险点

（风险点），并给出明确收益范围、删除绝对化词汇，用客观数据说明产品优势的调整建议（调整建议）。

5. 最佳场景

（1）金融产品宣传、药品说明书编写、企业合同审核、进出口文件合规。

（2）自媒体内容发布、房屋租赁合同签订、网店商品描述合规检查、个人税务申报。

相关场景及其参考提示词指令如下。

（1）**金融产品宣传。**依据［金融广告法规，如不得夸大收益、虚假宣传等合规要求］，请识别［金融产品宣传文案中可能存在的风险点，如收益描述模糊、使用绝对化词汇等］，并给出［调整建议，如明确收益范围、删除绝对化词汇等］：［金融产品宣传文案内容］。

（2）**药品说明书编写。**依据［药品监管的法律法规和行业标准，如成分标注规范、不良反应说明要求等合规要求］，请识别［药品说明书中可能存在的风险点，如不良反应表述不清等］，并给出［调整建议，如补充成分信息、完善不良反应描述等］：［药品说明书初稿内容］。

（3）**企业合同审核。**依据［相关法律法规和企业内部合同管理规定等合规要求］，请识别［企业合同中可能存在的风险点，如条款漏洞、权责不明等］，并给出［调整建议，如补充条款、明确权责等］：［企业合同内容］。

（4）**进出口文件合规**。依据［国际贸易相关法律法规、海关规定等合规要求］，请识别［进出口文件中可能存在的风险点，如申报信息错误、文件格式不符等］，并给出［调整建议，如修正申报信息、规范文件格式等］：［进出口文件内容］。

2.2.6　共识指令：意见不统一，用它指定行

在团队协作或涉及多方利益的项目中，各方观点和需求的差异常常成为推进工作的一大阻碍。不同部门、不同利益相关者都有自己的立场和想法，要让大家达成一致意见并非易事。

共识指令就是解决这一困境的有效工具。它借助明确参与方、汇总意见和提出调整建议这 3 个要素，来统筹各方意见。参与方指需明确涉及哪些人员或部门。意见汇总指需把大家的不同想法都收集起来。调整建议指基于这些意见，找到平衡各方利益的方案。

1. 包含要素

要素 1：参与方。你需要列出参与讨论并应达成共识的各方，如不同部门人员、利益相关者等。

要素 2：意见汇总。你需要收集并整理各方提出的不同意见和关注点。

要素 3：调整建议。AI 将基于意见汇总，提出能够平衡各方利益、达成共识的具体修改或执行方案。

2. 完整提示词

汇总［××参与方］的意见，包括［××意见汇总］，并给出［××调整建议］以达成共识。

3. 参考范例

要素1：参与方，即公司市场部、研发部、销售部。

要素2：意见汇总，即市场部希望产品突出创新性，研发部关注技术可行性，销售部注重市场接受度。

要素3：调整建议，即产品在保证技术可行的基础上，融入创新元素，同时设计不同版本以满足不同市场需求。

4. 参考指令

汇总公司市场部、研发部、销售部的（参与方）的意见，包括：市场部希望产品突出创新性；研发部关注技术可行性；销售部注重市场接受度（意见汇总），并给出产品在保证技术可行的基础上，融入创新元素，同时设计不同版本以满足不同市场需求，（调整建议）以达成共识。

5. 最佳场景

（1）跨部门项目推进、公司战略规划、团队任务分配、多方合作谈判。

（2）家庭出游决策、家族事务商议、朋友集体活动安排、社区事务协调。

相关场景及其参考提示词指令，如表2-18所示。

表 2-18　相关场景及其参考提示词

场景	参考提示词指令
跨部门项目推进	汇总〔跨部门项目中各部门，如市场部、研发部、财务部等参与方〕的意见，形成〔各方对项目目标、任务分配、时间进度等方面的意见汇总〕，并给出〔能够平衡各部门利益、推动项目顺利进行的调整建议〕以达成共识：〔项目现有相关资料、已有的讨论记录等〕
公司战略规划	汇总〔公司高层、各部门负责人等参与方〕的意见，形成〔对公司发展方向、业务重点、资源分配等方面的意见汇总〕，并给出〔符合公司整体利益和长远发展的调整建议〕以达成共识：〔公司战略规划初稿、过往战略执行情况等资料〕
团队任务分配	汇总〔团队成员〕的意见，形成〔对任务难度、个人能力适配、工作时间安排等方面的意见汇总〕，并给出〔公平合理、提高团队效率的任务分配调整建议〕以达成共识：〔团队任务清单、成员个人情况等〕
多方合作谈判	汇总〔合作各方，如不同企业、组织等参与方〕的意见，形成〔对合作模式、利益分配、责任义务等方面的意见汇总〕，并给出〔让各方满意、保障合作顺利开展的调整建议〕以达成共识：〔合作意向书、谈判记录等〕

六大指令模板，笔者已经介绍完了。在实际应用中，这六大模板既可以单独使用，也可以进行灵活搭配，组合出各种神奇的效果。你可以从下面的参考指引中快速上手并进阶给出提示词的能力。

如果你是新手，建立以【框架指令】模板起步，明确背景、需求与约束，搭建初稿框架，再逐步叠加【专家指令】进行角色设定，叠加【审稿指令】进行创作目标二次匹配，进而提升内容专业性与风格契合度。

如果你有一定提问基础，想进阶给出提示词的能力，建议运用【优化指令】或【合规指令】实现内容动态优化，前者助力稿件的迭代和完善，后者聚焦危机公关与敏感文案的风险把控；搭配【共识指令】确保照顾到全部利益相关方，实现零失误。

六大指令的定义，并搭配建议使用场景已整理成"六大指令模板速查卡"，如表2-19所示，可参考套用。

表2-19 六大指令模板速查卡

指令名称	定义	最佳使用场景（工作）
框架指令	解决内容框架搭建难题，使内容更具针对性和条理性	会议发言准备、项目策划书编写、活动方案构思、大型演讲筹备
专家指令	解决专业度和精准度问题，让生成的内容更具专业性和权威性	学术论文撰写、商业战略制定、技术方案评估、行业趋势研讨
审稿指令	解决初稿与创作目标精准匹配问题，提升内容整体质量	文案审核、报告审查、书稿校对、法律文书审定
优化指令	解决内容需迭代和完善的问题，增强内容各方面的品质	产品说明书完善、营销方案提升、网站页面优化、品牌形象重塑
合规指令	解决内容合规性问题，确保内容合法合规	金融产品宣传、药品说明书编写、企业合同审核、进出口文件合规
共识指令	解决多方意见难以统一问题，促成各方达成共识	跨部门项目推进、公司战略规划、团队任务分配、多方合作谈判

2.3 10个进阶技巧，获得更为精准的结果

为什么别人用 AI 能 10 分钟搞定周报，你却花 2 小时改出个"四不像"？答案藏在提问的细节里。本节将通过四大策略、3 个雷区以及三大技巧，教你用精准提问挖掘 DeepSeek 的每一分潜力。

2.3.1 组合式思维：全面分析场景需求的四大策略

很多人在使用 AI 时，常常会因得到的答案不尽如人意而感到困扰，如让 AI 分析市场数据，得到的却是毫无重点的泛泛报告；让其写季度总结，输出的内容如同流水账。

追根溯源，这些问题大多源于提问质量较低。掌握优化提问的方式，能够让 AI 给出更精准、更具实用性的答案，从而大幅提升工作效率。本节将通过实用策略搭配丰富案例，帮助你学会如何优化提问技巧，让 AI 成为你的得力助手。

📃 策略 1：引导 DeepSeek 自我反思

此策略重点在于让 DeepSeek 对自己给出的内容进行反思，找出优化的方向，提高内容质量，具体如表 2-20 所示。

表 2-20　自我反思式提问示例

步骤	组合式思维示例	案例说明
明确场景	确定内容用在哪里。提示词：应用场景	例如，有个电商团队打算给一款新出的无线耳机写推广文案。这时候就需明确应用场景：在电商平台面向年轻上班族宣传产品，吸引他们下单购买

续表

步骤	组合式思维示例	案例说明
选定维度	想想让 DeepSeek 从哪些关键方面反思内容。提示词：关键反思维度	结合耳机特点和目标人群，确定关键反思维度：文案有没有突出耳机的降噪功能和便携设计，能不能吸引年轻上班族的注意力，让他们产生购买欲望
输入指令	按照"应用场景＋关键反思维度"输入指令。提示词：应用场景、关键反思维度	向 DeepSeek 输入："【应用场景：在电商平台面向年轻上班族宣传新推出的无线耳机，吸引其购买】＋【关键反思维度：文案是否突出耳机的降噪功能和便携设计，能否吸引年轻上班族购买】"
分析问题	仔细研究 DeepSeek 提出的反思问题。	DeepSeek 可能会问："文案里有没有对比这款耳机和其他产品的降噪效果？""对于便携设计，有没有用简单直观的方式展示？"电商团队根据这些问题，就能发现原文案在突出产品优势和吸引顾客方面做得还不够
优化内容	根据反思问题来优化内容	优化后的文案增加了降噪效果的对比图表，还配上了耳机小巧便携的场景图。这一优化，宣传文案在电商平台的点击率提升了30%，耳机的销量在推广后的一个月内增长了25%。要采用传统提问法，直接让 DeepSeek 写文案，没有后续的深度分析，文案就很难突出产品亮点，销量也比较难提升

传统提问法得到的答案，一般就只满足基本需求，我们很难发现其内容里藏着的问题。反之，引导 DeepSeek 自我反思式提问能深挖问题，针对性地对问题进行优化，让内容更具吸引力，其传播效果和业务转化率也更好。

策略 2：模仿名人思维方式

让 DeepSeek 模仿名人，DeepSeek 会自行获取并学习相关名人公开发表过的内容，学习相关名人的思维方式，进而呈现给用户相关名人的独特视角，帮我们找到解决问题的新视角和新思路，具体如表 2-21 所示。

表 2-21　模仿名人思维方式提问示例

步骤	组合式思维示例	案例说明
选择名人	选择一个你想用他的思维的名人。 提示词：设定模拟的名人	假如有一家传统家具厂想转型做智能家居产品，就可以选择雷军作为模拟对象，借鉴他在科技产品领域的创新和市场拓展思维
提出问题	把你要解决的实际问题说清楚。 提示词：具体问题	向 DeepSeek 提问："【设定模拟的名人：雷军】，对于一家传统家具厂想转型做智能家居产品，【具体问题：在产品研发和市场推广方面有什么建议】"
明确侧重	确定你希望从名人思维那得到哪方面的建议。 提示词：希望从名人思维角度得到的回答侧重点	期望从雷军注重性价比和用户体验的思维出发，得到产品研发注重实用功能、市场推广突出性价比优势的建议

续表

步骤	组合式思维示例	案例说明
输入指令	按照"设定模拟的名人＋具体问题＋希望从名人思维角度得到的回答侧重点"输入指令。 提示词：设定模拟的名人、具体问题、希望从名人思维角度得到的回答侧重点	输入："【设定模拟的名人：雷军】+【具体问题：对于一家传统家具厂想转型做智能家居产品，在产品研发和市场推广方面有什么建议】+【希望从名人思维角度得到的回答侧重点：产品研发注重实用功能、市场推广突出性价比优势】"
应用建议	参考 DeepSeek 给出的回答去解决实际问题	DeepSeek 给出建议，如在产品研发上，推出价格亲民、具备基础智能功能的产品；在市场推广方面，通过线上直播展示产品功能，吸引消费者购买。家具厂参考这些建议调整策略后，新产品上市半年，市场份额提升了 15%。要采用传统提问法，可能得到的就是一些普通的建议，很难帮助企业在竞争中脱颖而出，市场份额提升也不会太明显

传统提问方式容易被常规思维所限制，答案缺乏新意。模拟名人思维方式提问突破了这个局限，它借助名人的独特思维，为解决问题带来全新的想法，能帮企业在市场竞争中占据优势。

策略 3：提供背景信息

若给 AI 的指令过于简单，如"写个产品方案"，则 AI 生成的往往是通用模板，缺乏与实际情况的契合度和针对性。给 DeepSeek 提供详细的背景信息，它给出的答案就能更贴合实际情况，具体如表2-22所示。

表2-22　提供背景信息式提问示例

步骤	组合式思维示例	案例说明
梳理背景	把和问题有关的背景情况整理清楚。提示词：背景信息	有位创业者打算在大学附近开一家水果捞店，梳理背景信息：店铺在大学周边，学生是主要顾客群体，周边已经有几家类似的店，创业资金有限
表明需求	清楚地说出自己的需求。提示词：需求	向DeepSeek表明需求：制定水果捞店的经营策略，包括产品种类、定价和营销活动
明确要求	详细说明对答案的具体要求。提示词：具体要求	明确要求经营策略里的产品要有特色，定价要符合学生消费能力，营销活动要能吸引学生，成本还得控制在预算内
输入指令	按照"背景信息+需求+具体要求"输入指令。提示词：背景信息、需求、具体要求	输入"【背景信息：店铺在大学周边，学生是主要顾客群体，周边已有几家类似店铺，创业资金有限】+【需求：制定水果捞店的经营策略】+【具体要求：产品要有特色，定价符合学生消费能力，营销活动要能吸引学生，成本控制在预算内】"
实施策略	根据DeepSeek生成的方案去经营	DeepSeek给出建议，如推出创意水果捞套餐，如"网红爆珠水果捞"；定价采用会员积分制，消费越多越优惠；营销活动可以在开学季推出"新生尝鲜半价"活动。创业者按照这些策略经营，店铺开业后，客流量在两个月内持续增长，还实现了盈利。要采用传统提问法，只是简单让DeepSeek制定经营策略，没有考虑这些实际背景，方案可能就没办法吸引顾客，店铺经营效果也不会太好

传统提问法因为没有背景信息，生成的答案通用性强但针对性差。提供背景信息提问，能让 DeepSeek 给出更可行、更有针对性的方案，在实际应用中效果更好，能帮创业者和管理者实实在在地解决问题。

策略 4：指定回答形式

简单询问"公众号文章标题怎么写"，AI 给出的答案通常缺乏针对性和吸引力，难以满足自媒体和运营人员的需求。为获取更符合公众号风格、能吸引读者的标题，需要指定回答形式，具体如表 2-23 所示。

传统提问方式在内容创作上很难满足特定的传播需求，生成的内容没什么特色。指定回答形式提问，能根据传播平台和目标受众的喜好定制内容，让内容在传播的时候更吸引人，能帮自媒体和运营人员更好地实现内容传播和业务增长。

表 2-23 指定回答形式提问示例

步骤	组合式思维示例	案例说明
确定形式	根据需求确定回答的形式。 提示词：回答形式要求	有个美食自媒体博主准备发一篇关于新餐厅的推荐文章，确定用"悬念＋美食特色"的形式写标题
提炼关键词	找出和问题相关的关键词。 提示词：问题相关关键词	结合餐厅特色和美食热点，提炼关键词："新餐厅""招牌菜""独特风味"

续表

步骤	组合式思维示例	案例说明
添加条件	加上一些限定条件。 提示词：其他限定条件	限定标题字数不超过15字，还得包含"新餐厅"这个关键词
输入指令	按照"回答形式要求＋问题相关关键词及限定条件"输入指令。 提示词：回答形式要求、问题相关关键词及限定条件	输入"【回答形式要求：用'悬念＋美食特色'的形式】＋【问题相关关键词及限定条件：为一篇关于新餐厅的推荐文章写标题，包含'新餐厅''招牌菜''独特风味'关键词，字数不超过15字】"
运用内容	把生成的内容用在创作里	DeepSeek生成"神秘新餐厅！招牌菜竟有这独特风味"这样的标题，"网感"十足，更容易吸引粉丝互动，进而提升文章的阅读量。要是用传统提问法，直接让DeepSeek写标题，得到的标题可能就没这么吸引人

2.3.2 提问需避免的情况：远离"自杀式提问"

在借助 AI 解决问题的过程中，若提问不当，不仅无法获取有效答案，还会浪费时间。常见的"自杀式提问"包括模糊表述、多问题混杂、缺乏关键信息等。了解并避开这些雷区，才能让你与 AI 的对话更高效。

雷区 1：模糊表述

模糊表述的问题无法让 AI 明确具体需求，导致其只能给出抽象、泛泛的回答，对实际问题的解决帮助有限，具体如表 2–24 所示。

表 2–24　模糊表述案例

对比维度	错误案例	正确修正
提问内容	"推荐一些旅游景点"	"我计划在暑假带孩子去海边旅游，预算 5000 元，行程 5 天，从上海出发，希望去一个人少、沙滩干净且适合孩子游玩项目的地方，请推荐一些旅游景点"
DeepSeek 回复	给出一些常见的热门旅游景点，如三亚、青岛等，但没有考虑提问者的具体需求，可能存在人多、预算不符合等问题	根据提问者提供的背景信息，推荐如北海涠洲岛等相对小众、沙滩优质、有丰富亲子游玩项目且符合预算和行程要求的旅游景点，并提供详细的游玩攻略和费用预算建议
实际案例	小王想利用暑假带孩子去海边玩，他按照错误的提问方式得到推荐，但到了目的地后发现游客太多，游玩体验不佳，且费用超出预算	当他按照正确修正后的提问获取推荐并规划行程后，旅行非常顺利，孩子玩得开心，预算也得到了很好的控制

要规避模糊表述的问题，可参考以下几个要点。

（1）全面梳理问题背景。在提问前，先静下心来思考与问题相关的各种信息，包括自身情况（如预算、时间、技能水平等）、问题发生的场景（如工作场景、生活场景等）、相关限制条件（如地域限制、资源限制等）。例如，在询问工作相关问题时，要考虑所在行业、公司规模、项目进度等因素；在询问生活类问题时，像旅游、美食等，要明确个人喜好、人数、预算等信息。

（2）详细阐述关键信息。在提问时，将梳理好的关键背景信息清晰、准确地传达给 DeepSeek。不要遗漏重要信息，确保 DeepSeek 能够基于充分的信息进行分析和回答。例如，在询问减肥方法时，要告知 DeepSeek 自己的身体基本状况（身高、体重、有无基础疾病等）、日常饮食习惯、运动习惯及减肥目标（减重多少、希望在多长时间内达到目标等）。

（3）检查信息完整性。提问后，检查自己提供的信息是否完整、准确，是否能够让 DeepSeek 理解问题的全貌。如果发现信息有所遗漏，可以及时补充提问，确保得到的答案具有实际参考价值。

雷区 2：多问题混杂

同时向 AI 提出多个不同维度且相互关联的问题，会使 AI 难以同时兼顾，给出的建议可能相互矛盾，无法有效指导实践，具体案例如下。

（1）提问内容

• 错误案例：

"怎么既能提高英语成绩，又能节省学习时间，还能提升英语口语水平？"

- 正确修正：

步骤1："我每天只有2小时学习英语，如何在3个月内提高英语阅读和写作成绩？"

步骤2："在提高英语阅读和写作成绩的基础上，怎样利用碎片化时间提升英语口语水平？"

（2）DeepSeek回复

- 错误案例：

给出的建议可能在提高成绩、节省时间和提升口语之间难以平衡，如建议大量刷题提高成绩，但这可能需要花费大量时间，与节省时间的要求相悖；建议参加英语口语班提升口语，但又可能与节省时间的目标冲突。

- 正确修正：

步骤1回复：推荐一些高效的英语阅读和写作学习方法，如分析历年真题、积累高分写作模板等，并根据每天2小时的学习时间制订详细的学习计划。

步骤2回复：提供利用碎片化时间提升口语的方法，如听英语广播、看英语短剧并模仿等，同时结合前面提高的阅读和写作能力，更好地理解和运用英语。

（3）实际案例

- 错误案例：

小张想要提升自己的英语综合能力，按错误的方式提问后，得到的建议杂乱无章且难以施行，尝试一段时间后，英语成绩不仅没有提高，还因为不合理的学习安排感到疲惫和焦虑。

- **正确修正：**

当他采用分步提问的方式，根据 DeepSeek 的建议逐步学习后，英语阅读和写作成绩在 3 个月内得到显著提升，口语水平也在后续的碎片化时间学习中有了进步。

要规避多问题混杂的问题，可参考以下几个要点。

（1）培养问题拆解意识。当遇到复杂问题时，要养成主动拆解问题的意识，将一个大问题分解为多个相对独立、单一维度的小问题。我们可以从问题的不同方面、不同阶段或者不同目标入手进行拆解。例如，在解决一个项目管理问题时，可以将其拆分为项目进度管理、团队协作管理、成本控制等多个小问题。

（2）确定合理提问顺序。根据问题的逻辑关系和重要程度，确定分步提问的顺序。一般先解决对整体影响较大、较为基础的问题，再逐步深入解决其他相关问题。例如在学习一门新技能时，先询问关于基础知识和入门方法的问题，再进一步探讨提升和应用的技巧。

（3）整合答案形成方案。对 DeepSeek 针对每个分步问题给出的答案进行整合和分析，将各个答案串联起来，形成一个完整的解决方案。在整合过程中，要注意各个答案之间的协调性和连贯性，避免出现矛盾和冲突的情况。

雷区3：缺乏关键信息

向 AI 描述问题时，如果没有提供足够的关键信息，AI 无法准确判断问题所在，也就无法给出有效的解决办法，具体如表 2-25 所示。

表 2-25　缺乏关键信息案例

对比维度	错误案例	正确修正
提问内容	"我的代码报错了怎么办？"	"Python 报错'Index Error: list index out of range'，完整代码见截图，请指出具体行号及修复建议"
AI 回复	给出一些通用的代码调试建议，如检查语法错误、查看变量赋值等，无法定位具体错误位置和原因	根据提供的报错信息和代码截图，指出报错发生在代码第［×］行，原因是访问列表元素时索引超出范围，并给出修改建议，如增加对列表长度的判断、调整索引值等
实际案例	程序员小王在开发一个 Python 项目时遇到代码报错，向 AI 提问"我的代码报错了怎么办？"，按照 AI 给出的通用建议排查，花费了大量时间仍未解决问题，项目进度受阻	小王补充关键信息重新提问，AI 迅速定位错误并给出修复建议。小王根据建议修改代码后，程序顺利运行，项目按时交付

要规避缺乏关键信息的问题，可参考以下几个要点。

（1）明确问题关键要素。在提问前，仔细思考问题的关键要素，包括问题的主体（是谁面临这个问题）、目的（想要达到什么结果）、场景（在什么情况下发生）、范围（针对哪些方面）等。例如在询问健康相关问题时，要明确是自己还是他人的健康问题，想要解决的具体症状或达到的健康目标，日常生活习惯等信息。

（2）明确指出问题范围和期望结果。在提问时，要说明问题涉及的范围以及希望达到的效果或目标。例如，明确指出希望代码在某一行修复后能正常运行，或指出希望获得某一特定功能的改进建议。通过界定问题的边界，AI可以避免给出过于宽泛或不具操作性的建议，从而使回答更贴近实际需求。

（3）设定具体量化指标。如果问题涉及程度、数量等方面，可以设定具体的量化指标，让问题更加明确。例如在询问减肥问题时，不要只说"减肥"，而是说"在 3 个月内，通过饮食和运动结合的方式，减重 10 千克，有哪些具体的计划和方法"。

2.3.3 追问回答的方式：让 AI 成为"无限知识库"

当 AI 给出一个看似有用的答案时，若能进一步掌握追问技巧，深入挖掘其价值，AI 便能成为你的"无限知识库"。

比如在运用 DeepSeek 的过程中，掌握有效的追问技巧能深度挖掘其回答的价值，获取更丰富、更具深度的信息，使其成为你取之不尽的"无限知识库"。以下为您介绍 3 种创新的追问技巧，从更高思维层面助力你高效使用 DeepSeek。

技巧1：逆向思维追问

在常规交流中，我们多正向接受 DeepSeek 的答案。而逆向思维追问，是从相反方向思考，挖掘创新思路。当 DeepSeek 给出一种解决方案时，我们追问相反情况。

表 2-26 所示是一个探讨产品营销策略的案例。

表 2-26 探讨产品营销策略案例

场景	初始提问	DeepSeek回答	逆向思维追问	DeepSeek新回答	应用示例
产品营销	"如何提高产品知名度？"	内容比较宽泛，主要表达了"加大线上广告投放力度来提高产品知名度"的思想	"如果完全不进行线上广告投放，还有哪些创新的方式可以提高产品知名度？"	新增了"举办线下体验活动，通过口碑传播，提高知名度""与热门IP进行跨界合作，借助其影响力吸引关注"等特色内容	一家新兴美妆品牌原计划利用线上广告推广新品，在运用逆向思维追问后，改为举办线下美妆体验派对，精准触达目标客户，新品知名度和销量都得到大幅提升

逆向思维追问关键在于挑战常规，提出与原答案相关且具探索价值的逆向问题，引导 DeepSeek 从不同视角思考，适用于产品研发、市场推广、创意设计等需创新的场景。

技巧2：关联拓展追问

DeepSeek 的回答常针对具体问题，但很多问题与其他领域紧密相连。关联拓展追问基于初始回答，可以挖掘相关知识领域或应用场景，构建知识网络。

表 2-27 所示是一个人工智能在医疗影像诊断方面的案例。

表 2-27 人工智能在医疗影像诊断案例

场景	初始提问	DeepSeek 回答	关联拓展追问	DeepSeek 新回答	应用示例
人工智能应用	"人工智能在医疗影像诊断方面有哪些应用？"	主要阐述人工智能在识别疾病特征、辅助医生诊断等方面的应用	"人工智能在医疗影像诊断中的技术原理，与金融领域的风险评估模型有哪些相似之处？""人工智能在医疗影像诊断的发展，对医疗教育和培训模式会产生什么影响？"	不仅指出两者在数据处理、模型构建方面的相似性；还说明可能促使医疗教育更注重实践操作、引入虚拟病例培训等	一位研究人工智能伦理的学者，通过关联拓展追问，发现不同场景下人工智能伦理问题的共性与差异，为学术研究开辟新方向

运用此技巧需有一定的知识储备和联想能力，能思考回答的核心概念等，与其他领域建立联系并提问，适用于学术研究、战略规划、创新探索等知识融合场景。

技巧 3：批判性思维追问

批判性思维在与 DeepSeek 交互中很关键。当我们得到回答后，要评估其准确性、合理性和局限性。

表2-28所示是一个市场趋势分析报告方面的案例。

表2-28　市场趋势分析报告的案例

场景	初始提问	DeepSeek回答	批判性思维追问	DeepSeek新回答	应用示例
市场趋势分析	"当前××行业市场趋势如何？"	主要提供市场趋势分析报告	"这份市场趋势分析主要基于哪些数据来源？这些数据的时效性和代表性如何？""在分析过程中，是否考虑到了可能影响市场趋势的突发因素，如政策调整、自然灾害等？"	新增说明数据来源及相关情况；补充可能未考虑的因素及应对建议	一家企业计划依市场趋势报告制订投资计划，经批判性思维追问，发现报告数据局限性，重新收集数据完善分析，避免投资失误

批判性思维追问要求对回答保持质疑，关注依据、数据来源等方面，适用于商业决策、科学研究、政策制定等需严谨判断的场景。

精准提问自检清单如下。

1. 问题类型是否明确

（1）达标标准：能让人一眼就看出属于分析类、建议类还是对比类的需求。

（2）常见错误案例："怎么提升销量？"这句话没有说明提升销量的渠道，也没提及目标。

2. 是否拆分复杂问题

（1）达标标准：分步骤提问≥3个子任务。

（2）常见错误：一次性要求 AI 写出完整方案。

3. 背景信息是否充分

（1）达标标准：问题中要包含行业、角色、数据等关键要素。

（2）常见错误案例："写个策划案"，这句话没有说明活动预算，且缺乏关键背景信息。

4. 回答形式是否指定

（1）达标标准：要求 AI 输出表格、代码、图表等具体格式。

（2）常见错误：默认让 AI 输出大段文字。

5. 是否预留追问空间

（1）达标标准：对关键结论预设验证问题。

（2）常见错误：全盘接受 AI 输出。

📝 小练习

你掌握了向 DeepSeek 高效提问的方法与技巧后，不妨开始大胆尝试，将提问的边界拓展至那些你从未涉足的领域。当你能用精妙的提问逻辑发出一连串的问题时，那些看似遥不可及的专业领域都将向你敞开大门。

现在就来试试吧，看看你的提问是否可以帮他们解决以下问题，希望你能即刻感受到认知茧房被突破的喜悦。

帮助一位高中班主任，为班里的每一位学生定制一份专属的成长方案。

帮助一位旅游博主，根据当地非遗技艺开发沉浸式体验的文旅融合项目。

帮助一位社区工作人员，设计一套联动周边商业生态的垃圾分类积分体系。

帮助一位中小型制造企业主，开发一款融合 DeepSeek 模型的陪伴爆款好物。

帮助一位健身教练，根据 AI 生成的个性化体态评估报告为客户设计专项训练计划。

帮助一位小超市经理，改造卖场的智能硬件，让冷冰冰的货架变成"最懂顾客的销售顾问"。

帮助一位有机农场主，在雨季来临前优化种植结构，在气候风险与市场需求之间找到平衡。

帮助一支科技初创团队，设计可以根据贡献值评估体系动态调整股权的股权激励方案。

帮助一家三甲医院门诊部，设计一套可以平衡专家号源分配与患者分流效率的数字挂号系统。

…… ……

学会提问，世界从此无界。

第 3 章
办公赋能，成为职场的"六边形战士"

在快节奏的现代职场中，效率与专业能力是核心竞争力，而真正的"六边形战士"往往懂得将人的创造力与工具的智慧深度结合。本章以"办公赋能"为核心，系统拆解如何通过 DeepSeek，在商务文档撰写、数据分析决策、市场营销策划、项目风险管理、多工具协同办公等领域实现效率跃升：

它能像法务专家般打磨出滴水不漏的合同条款，还能化身数据分析师挖掘隐藏的商业密码；

它既能以创意高手的思维策划爆款活动，又能以项目管理者的视野把控风险节点；

它可以无缝衔接 Word、Excel 等办公软件，突破跨平台协作的复杂壁垒。

这不仅是对重复工作的简化，更是对职场人综合能力的全面拓展。通过对办公全场景的 AI 重构，你将建立起高效工作流的完整闭环——既能用智能技术精准解决单点问题，又能凭系统性思维实现全局突破，最终成长为兼具专业深度与工具驾驭力的新一代职场"六边形战士"。

3.1 合同、报告、总结，商务文档一站式生成

在职场的商务活动里，撰写各类文档是一项既耗时，又考验专业度的重要工作。但有了 DeepSeek 这个得力助手，无论是如同坚固基石般的合同、承载工作成果的工作报告，还是像创意魔方的策划方案、吸引眼球的商业推广文案等，撰写难度都直线下降。正所谓"工欲善其事，必先利其器"，接下来，我们一同深入了解 DeepSeek 在这些方面的强大功能和实用技巧。

3.1.1 DeepSeek 辅助撰写合同关键条款、保障权益

合同是保障商务活动权益的基础，其关键条款直接关系各方利益。DeepSeek 凭借对海量法律条文和过往合同案例的深度学习，能为撰写合同关键条款提供专业参考。在实际使用时，我们可以依据【角色设定】+【详细任务描述】+【关键信息补充】+【期望输出要求】这个提示词底层公式，向 DeepSeek 提出精准需求。

例如，一家科技公司要和软件供应商签订软件开发合同，负责合同拟定的法务专员小张，就借助 DeepSeek 来撰写付款条款。他向 DeepSeek 提问的内容如下。

【角色设定】作为经验丰富的合同法律专家。

【详细任务描述】请帮我撰写一份软件开发合同的付款条款。我方作为委托方，在软件开发项目启动后的 5 个工作日内，支付合同总金额的 30% 作为预付款；在软件完成初步开发并通

过我方内部测试后，支付合同总金额的 40%；在软件正式上线运行且稳定运行一个月后，支付剩余 30% 的款项。

【关键信息补充】同时，需明确若软件存在严重的质量问题，影响正常使用，我方有权暂停付款，并要求供应商在 10 个工作日内解决问题。若逾期未解决，我方有权扣除相应款项作为补偿。此外，付款方式统一采用银行转账。

【期望输出要求】请以正式、严谨的法律语言呈现，确保条款清晰、无歧义。

DeepSeek 依据专业知识和数据积累，很快给出了详细且严谨的条款内容。该内容不仅对付款的各个环节规定得清晰明确，还考虑到了可能出现的多种特殊情况及相应的处理办法。最终，这份合同经过人工核查和完善后，顺利通过审核，保障了公司在此次合作中的合法权益，如图 3-1 所示。

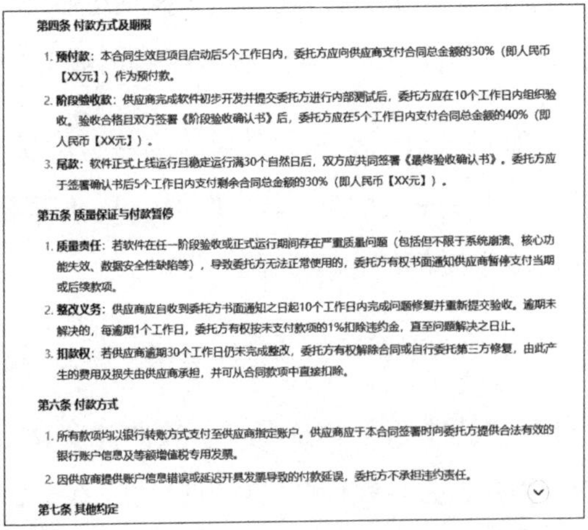

第四条 付款方式及期限

1. **预付款**：本合同生效且项目启动后5个工作日内，委托方应向供应商支付合同总金额的30%（即人民币【XX元】）作为预付款。
2. **阶段验收款**：供应商完成软件初步开发并提交委托方进行内部测试后，委托方应在10个工作日内组织验收。验收合格且双方签署《阶段验收确认书》后，委托方应在5个工作日内支付合同总金额的40%（即人民币【XX元】）。
3. **尾款**：软件正式上线运行且稳定运行满30个自然日后，双方应共同签署《最终验收确认书》。委托方应于签署确认书后5个工作日内支付剩余合同总金额的30%（即人民币【XX元】）。

第五条 质量保证与付款暂停

1. **质量责任**：若软件在任一阶段验收或正式运行期间存在严重质量问题（包括但不限于系统崩溃、核心功能失效、数据安全性缺陷等），导致委托方无法正常使用的，委托方有权书面通知供应商暂停支付当期或后续款项。
2. **整改义务**：供应商应自收到委托方书面通知之日起10个工作日内完成问题修复并重新提交验收。逾期未解决的，每逾期1个工作日，委托方有权按未支付款项的1%扣除违约金，直至问题解决之日止。
3. **扣款权**：若供应商逾期30个工作日仍未完成整改，委托方有权解除合同或自行委托第三方修复，由此产生的费用及损失由供应商承担，并可从合同款项中直接扣除。

第六条 付款方式

1. 所有款项均以银行转账方式支付至供应商指定账户。供应商应于本合同签署时向委托方提供合法有效的银行账户信息及等额增值税专用发票。
2. 因供应商提供账户信息错误或延迟开具发票导致的付款延误，委托方不承担违约责任。

第七条 其他约定

图 3-1 使用 DeepSeek 撰写付款条款示例（节选）

3.1.2 高效完成工作报告、策划方案等文档的技巧

1. 工作报告

在写工作报告时，很多人会为如何清晰呈现工作成果、问题和改进措施而烦恼。借助 DeepSeek，我们同样可以运用上一小节中提到的公式来高效完成。

以市场推广专员小王为例，他要撰写过去一个月的工作报告。首先，他梳理好了自己的工作内容，然后按照公式向 DeepSeek 提问。

【角色设定】请以专业的职场报告撰写人的身份。

【详细任务描述】为我生成一份过去一个月的市场推广工作月度报告。我主要负责公司新产品的线上推广，上个月我在社交媒体平台发布了 50 条推广内容，总曝光量达到 20 万次，吸引用户点击链接进入产品详情页 1 万次，新增潜在客户 5000 人。然而，在某短视频平台的推广效果未达预期，转化率仅为 1%。经过分析，发现原因是视频内容与平台用户的喜好匹配度不高。接下来，我计划深入研究该平台的热门视频风格，调整推广视频内容方向，同时与平台上 3～5 位腰部主播合作，提升产品的曝光度和转化率。

【关键信息补充】在报告中需重点突出工作成果数据、分析产生问题的原因。

【期望输出要求】报告结构清晰，语言简洁明了，800 字左右。

这样，DeepSeek生成的报告就会紧密贴合小王的实际工作情况。小王只需在此基础上补充具体的数据来源、执行细节等内容，就能轻松提交一份高质量的工作报告，如图3-2所示。

图 3-2　使用 DeepSeek 生成工作报告示例（节选）

2. 策划方案

策划方案既需要创新思维，又要全面考虑各种因素。

以活动策划方案为例，小张要为公司即将举办的十周年庆典活动做策划。他根据公式向 DeepSeek 发出指令。

【角色设定】作为资深活动策划师。

【详细任务描述】为公司的十周年庆典活动写一份策划方案。活动主题为"10年同行，共铸辉煌"，旨在回顾公司10年发展历程，加强与员工、合作伙伴及客户的联系，提升公司品牌形象。活动预算50万元，场地定在公司园区内。参与人员主要是公司全体员工、重要合作伙伴及部分长期支持的客户。活动形式包含文艺表演、产品展示和交流晚宴。

【关键信息补充】文艺表演节目要体现公司不同发展阶段的特色；产品展示环节，需突出公司近 3 年的创新产品；交流晚宴要营造轻松愉快的氛围，促进各方交流。活动整体风格要大气、庄重，且具有科技感。

【期望输出要求】请给出详细的活动流程、人员安排、场地布置建议及预算分配方案，2000 字左右。

DeepSeek 依据这些信息，迅速生成了一个涵盖活动各方面的详细策划方案框架。小张参考这个框架，结合公司的实际情况和领导的特殊要求，进一步完善细节，很快就完成了一份出色的活动策划方案，如图 3-3 所示。

图 3-3 使用 DeepSeek 生成活动策划方案示例（节选）

3. 利用基础指令生成商业推广文案的详细演示

下面以"为一款面向职场人的智能办公软件创作推广文案，突出便捷协作与高效办公功能"为例，看看如何运用公式来操作。

步骤 1：明确需求。确定要推广的产品是面向职场人的智能办公软件，重点突出其便捷协作与高效办公功能，分析为后续公式各部分内容提供核心方向，是整个提示词的基础。

步骤 2：构思提示词。按照公式构建以下提示词。

【角色设定】作为专业的广告文案撰写人。

【详细任务描述】为一款名为［软件名称］的面向职场人的智能办公软件创作推广文案。这款软件支持多人实时在线协作编辑文档，消息实时同步，能让团队沟通零延迟；还具备智能日程管理功能，自动整合会议安排、任务提醒，大大提升办公效率。

【关键信息补充】目标用户是职场人士，文案要突出产品对他们工作的实际帮助。

【期望输出要求】文案风格要专业且有吸引力，400字左右。

步骤 3：获取文案并调整。DeepSeek 根据提示词生成文案后，仔细阅读，检查是否涵盖了所有重点功能，语言表达是否流畅自然。如果有需要，对一些表述进行微调，使其更贴合产品实际情况和目标受众喜好。

根据生成结果，结合实际情况优化文案，确保文案落地真实。

按照优化后的提示词，DeepSeek 生成的推广文案如下。

［软件名称］——职场人士的高效办公利器

在职场竞争日益激烈的今天，高效协作与办公是成功的关键。［软件名称］智能办公软件应运而生，专为职场人打造，助你轻松应对各种办公挑战！

它的便捷协作功能，让团队沟通不再有延迟。多人可实时在线协作编辑文档，无论你是在办公室、家中还是外出途中，都能随时与团队成员共同编辑、讨论，消息实时同步，确保工作无缝衔接。再也不用担心版本不一致、沟通不及时的问题了！这大大提升了团队协作效率。

高效办公更是它的强项。智能日程管理功能，会自动整合你的会议安排、任务提醒，合理规划你的工作时间。从此，你无须再为琐碎的日程安排而烦恼，专注于工作本身，工作效率大幅提高。

选择［软件名称］，就是选择更高效、更便捷的办公方式。让它成为你职场上的得力助手，与你一同迈向成功！

通过运用这个提示词底层公式，利用 DeepSeek 撰写的商务文档和推广文案将变得又快又好。赶紧试试吧，让 DeepSeek 助力你在职场中脱颖而出！

3.2 市场数据深入洞察，精准锁定用户画像

在竞争激烈的商业环境里，数据就好比商家的宝贵财富。商家只要能把数据处理和分析好，能清楚地知道市场的风向和走势，做决策也就会又快又准。DeepSeek在处理数据方面有着强大的能力，它不仅能很快地生成销售数据图表，还能深入展示顾客的购买习惯，为商家提供精准的决策依据。

下面，我们就仔细看看DeepSeek到底是怎么做到这些的。

3.2.1 DeepSeek数据处理与分析的操作流程

使用DeepSeek进行数据处理与分析，大致需要准备数据、输入指令、获取结果3个步骤，具体如表3-1所示。

表3-1 DeepSeek数据处理与分析的操作流程

操作目的	操作步骤	具体内容
生成销售趋势图表	准备数据	商家需要整理好与销售相关的数据，包括销售时间、产品名称、销售数量、销售额等。数据可以整理成电子表格形式，方便后续上传或输入
	输入指令	打开DeepSeek，以清晰明确的指令告知需求。例如："我有一份销售数据，包含过去一年产品A每月的销售额。请根据这些数据生成一条折线图，展示产品A在过去一年的销售额变化趋势。"
	获取结果	DeepSeek接收指令后，对数据进行分析和处理，利用其内置的绘图功能，快速生成销售趋势图表。商家可以直接在DeepSeek的输出界面查看图表，还能根据需求对图表的颜色、字体、坐标轴标签等进行简单调整

续表

操作目的	操作步骤	具体内容
挖掘用户购买行为模式	整理数据	收集和整理用户购买记录，涵盖用户 ID、购买时间、购买产品、购买金额、购买频率等信息。确保数据的完整性和准确性，这对挖掘准确的行为模式至关重要
	输入指令	向 DeepSeek 输入详细指令，例如："我有一批用户购买数据，包含用户购买的各类产品及对应的时间和金额。请分析这些数据，找出用户购买产品的关联模式，如哪些产品经常被一起购买。"
	获取结果	DeepSeek 运用数据分析算法对数据进行深度挖掘，输出分析结果。结果可能包括产品的关联组合、用户的购买周期、不同时间段的购买偏好等信息，以明确易懂的文字或简单图表呈现

3.2.2 提示词的底层公式总结

使用 DeepSeek 进行数据处理与分析时，提示词的底层公式为：【数据背景阐述】+【明确的分析任务】+【期望的输出形式】。

1. 数据背景阐述

简要说明所提供数据的基本情况，如数据的类型（销售数据、用户购买数据等）、时间范围、包含的主要信息等，让DeepSeek 对数据有初步了解。

2. 明确的分析任务

表述希望 DeepSeek 对数据进行何种处理或分析，是生成图表、挖掘行为模式，还是进行其他类型的分析，要具体且准确。

3. 期望的输出形式

如果对输出结果有特定形式的要求，如希望以折线图、柱状图呈现，或者要求以列表形式展示分析结果等，在提示词中应明确指出。

3.2.3 实际案例展示

假设小李经营着一家母婴用品店，他想了解店铺的销售情况和顾客购买行为，以便更好地调整和完善经营策略。

1. 生成销售趋势图

（1）首先，准备数据。小李整理了过去一年店铺中各类母婴产品的月度销售数据，包括奶粉、纸尿裤、婴儿服装等产品的销售额。

（2）其次，输入指令。小李在 DeepSeek 中输入："【数据背景阐述】我有 2024 年母婴用品店各类产品的月度销售数据，包含奶粉、纸尿裤、婴儿服装等产品的销售额。【明确的分析任务】请根据这些数据，分别生成奶粉、纸尿裤、婴儿服装这 3 类产品的月度销售额柱状图，对比它们的销售趋势。【期望的输出形式】以柱状图形式呈现。"

（3）最后，获取图。DeepSeek 很快生成了 3 类产品的月度销售额柱状图链接，具体如图 3-4 所示（使用虚拟数据作演示）。通过这些图，小李能直观了解各类产品的销售趋势，为后续的库存管理和促销活动安排找到了依据。

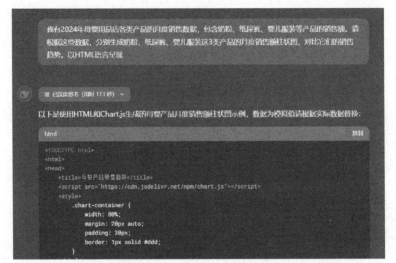

图 3-4 使用 DeepSeek 生成销售趋势图示例（节选）

2. 挖掘用户购买行为模式

（1）首先，整理数据。小李收集了店铺近半年来的用户购买记录，包含用户 ID、购买时间、购买的各类母婴产品及金额等信息。

（2）其次，输入指令。小李向 DeepSeek 输入："【数据背景阐述】我有 2024 年母婴用品店的用户购买记录，包含用户购买的产品、时间和金额等信息。【明确的分析任务】分析这些数据，找出购买频率较高的用户群体，以及他们经常一起购买的产品组合。"

（3）最后，获取分析结果。DeepSeek 经过分析后输出结果，如图 3-5、图 3-6 所示（使用虚拟数据作演示）。根据这些分析结果，小李决定针对不同的用户群体推出组合促销活动。

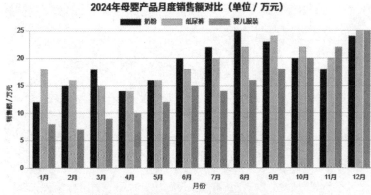

图 3-5　使用 DeepSeek 生成柱状图示例

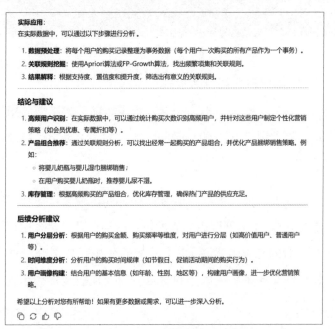

图 3-6　使用 DeepSeek 生成活动策划方案示例（节选）

通过以上案例可以看出，DeepSeek 在数据处理与分析方面的强大能力，能切实帮助商家从数据中获取有价值的信息，从而做出更精准的决策，提升经营效益。大家在自己的商业活动中也可以尝试利用 DeepSeek，挖掘数据背后的潜力。

3.3 品牌推广、活动策划，销量翻倍的秘密

在竞争激烈的商业世界里，让品牌脱颖而出、提升知名度与影响力，是每个企业都在努力追求的目标。

3.3.1 DeepSeek 对市场营销流程的支持作用

DeepSeek 可在多方面对市场营销流程提供支持，其中，在创意构思、活动策划、传播推广 3 个方面的效果最为显著。表 3-2 ～表 3-4 展示了 DeepSeek 在这 3 个方面对市场营销流程的支持。

1. 创意构思

明确品牌定位、目标受众、品牌特色等关键信息。将品牌相关信息输入 DeepSeek，DeepSeek 将根据输入信息，结合市场趋势和成功案例，提供一系列创意想法。表 3-2 展示了 DeepSeek 在创意构思方面的支持作用。

表 3-2　DeepSeek 在创意构思方面的支持作用

营销阶段	操作步骤	DeepSeek 的支持作用
创意构思	确定品牌信息	一个专注于环保的时尚服装品牌，目标受众是追求品质生活且关注环保的年轻消费者，其品牌特色就是使用可持续材料制作时尚服饰

续表

营销 阶段	操作步骤	DeepSeek 的支持作用
创意 构思	输入需求	我有一个环保时尚服装品牌，目标受众是追求品质生活且关注环保的年轻消费者，品牌主打使用可持续材料制作时尚服饰。请帮我构思一些新颖的营销创意，突出环保和时尚两个特点
	获取创意	举办"旧衣换新"活动，消费者用旧衣物可换取该品牌的优惠券，同时在活动现场设置环保时尚展览，展示品牌服饰的制作过程和环保理念；还可以与环保组织合作，推出联名系列服装，扩大品牌影响力

2. 活动策划

根据创意确定活动类型，如新品发布会、促销活动、主题活动等，向 DeepSeek 输入更详细的活动需求，包括活动主题、时间、地点、参与人员等信息。DeepSeek 生成完整的活动策划方案，包括详细的活动流程。表 3-3 展示了 DeepSeek 在活动策划方面的支持作用。

表 3-3　DeepSeek 在活动策划方面的支持作用

营销 阶段	操作步骤	DeepSeek 的支持作用
活动 策划	明确活动 类型	例如，选择举办新品发布会来推广环保时尚服装品牌的新系列
	输入细节	我要为环保时尚服装品牌举办新品发布会，活动主题是"时尚与环保的碰撞"，计划在市中心的创意园区举办，邀请时尚博主、媒体、消费者代表参加。请帮我策划活动流程，安排互动环节，还要考虑活动预算和宣传方式

续表

营销阶段	操作步骤	DeepSeek 的支持作用
活动策划	生成方案	例如，开场由品牌设计师介绍新系列的设计灵感和环保理念，中间设置模特走秀展示新品，互动环节安排消费者体验服装制作材料、进行环保知识问答等；还会给出活动预算分配建议，如场地租赁、模特费用、宣传费用等各占多少比例；同时提供宣传方式，如在社交媒体上发布活动预告和海报，邀请时尚博主提前宣传等

3. 传播推广

向 DeepSeek 输入更详细的活动需求，包括活动主题、时间、地点、参与人员等信息。根据目标受众和品牌特点，选择合适的推广渠道，向 DeepSeek 输入推广相关指令，让它制订出详细的社交媒体推广计划。表 3-4 展示了 DeepSeek 在传播推广方面的支持作用。

表 3-4 DeepSeek 在传播推广方面的支持作用

营销阶段	操作步骤	DeepSeek 的支持作用
传播推广	确定推广渠道	如社交媒体、线下广告、合作推广等。对于环保时尚服装品牌而言，社交媒体是重要的推广渠道
	输入推广需求	我要在社交媒体上推广环保时尚服装品牌的新品发布会，目标是吸引更多目标受众关注，提高品牌知名度。请帮我制订社交媒体推广计划，包括发布内容、发布时间和互动策略

续表

营销阶段	操作步骤	DeepSeek 的支持作用
传播推广	获取推广计划	在活动前两周开始发布预热内容，包括新品的部分设计图、设计师的创作故事，吸引用户关注；活动前一周发布活动预告海报和嘉宾信息，提高活动热度；活动当天进行现场直播，实时展示新品和活动精彩瞬间；活动结束后，发布活动回顾和新品购买链接。同时，它还会提出一些互动策略的建议，如发起话题讨论，鼓励用户分享自己的环保时尚理念，参与话题的用户有机会获得品牌优惠券等

3.3.2　提示词的底层公式总结

使用 DeepSeek 进行市场营销相关操作时，提示词的底层公式为：【品牌或活动基本信息阐述】+【营销阶段及具体需求】+【目标或预期效果】。

1. 品牌或活动基本信息阐述

清晰说明品牌定位、目标受众、品牌特色、活动主题、类型等基本信息，让 DeepSeek 了解背景情况。

2. 营销阶段及具体需求

明确当前处于市场营销的哪个阶段以及该阶段的具体要求，如创意构思时突出的特点、活动策划时的活动细节要求、传播推广时的渠道和内容需求等。

3. 目标或预期效果

如果有特定的目标或预期效果，如提高品牌知名度、吸引更多目标受众关注、增加产品销量等，在提示词中明确指出，以便 DeepSeek 提供更符合期望的方案。

3.3.3 实际案例展示

假设"绿尚"是一个新成立的环保时尚服装品牌，品牌负责人希望通过一系列营销活动提升品牌知名度，打开市场。

1. 创意构思阶段

（1）确定品牌信息。"绿尚"品牌主打环保时尚，使用可持续材料制作服装，目标受众是 20 ～ 35 岁追求时尚且有环保意识的年轻人。

（2）输入需求。品牌负责人在 DeepSeek 中输入：

【品牌或活动基本信息阐述】我有一个叫"绿尚"的环保时尚服装品牌，目标受众是 20 ～ 35 岁追求时尚且有环保意识的年轻人，品牌使用可持续材料制作服装；

【营销阶段及具体需求】请帮我构思一些独特的营销创意，突出环保和时尚这两个核心特点。

（3）获取创意。DeepSeek 给出创意，如举办"环保时尚摄影大赛"，鼓励消费者用"绿尚"服装进行创意穿搭并拍摄照片参赛，优秀作品可获得品牌服装和现金奖励；还可以在热门商圈开设快闪店，打造环保时尚主题场景，吸引年轻人打卡拍照。

2. 活动策划阶段

（1）明确活动类型。品牌决定举办"环保时尚摄影大赛"来推广品牌。

（2）输入细节。品牌负责人继续在 DeepSeek 中输入：

【品牌或活动基本信息阐述】我要为"绿尚"品牌举办"环保时尚摄影大赛"，活动面向 20 ～ 35 岁的年轻人；

【营销阶段及具体需求】请帮我策划活动流程，包括报名方式、评选标准、奖品设置，还要制定活动预算和宣传方案。

（3）生成方案。DeepSeek 生成活动策划方案，活动流程包括线上报名，参与者上传穿搭照片并附上环保时尚理念的文字说明；组织者从服装搭配创意、环保理念表达、照片质量等多方面标准进行评估；奖品设置为一等奖一名，获得全套品牌当季新品和 2000 元现金，二等奖 3 名，三等奖 5 名，分别获得不同价值的品牌服装和优惠券。活动预算方面，宣传推广费用占 40%，奖品费用占 30%，其他杂事支出占 30%。宣传方案则是在社交媒体平台发布活动海报和规则，邀请一些小有名气的环保时尚博主帮忙宣传。

3. 传播推广阶段

（1）确定推广渠道。主要选择社交媒体平台进行推广。

（2）输入推广需求。品牌负责人向 DeepSeek 输入：

【品牌或活动基本信息阐述】我要在社交媒体上推广"绿

尚"品牌的"环保时尚摄影大赛"，目标受众是 20 ～ 35 岁的年轻人；

【营销阶段及具体需求】请帮我制订社交媒体推广计划，包括发布内容、发布时间和互动策略，目的是吸引更多目标受众参与活动，提升品牌知名度。

（3）获取推广计划。DeepSeek 制订出推广计划：在活动开始前一个月，每周发布一次品牌环保理念和服装特色的内容，吸引潜在用户关注；活动开始前两周，发布活动预告海报和规则，介绍奖品设置；活动期间，每周发布参赛作品精选，鼓励用户点赞评论；活动结束后，发布获奖名单和优秀作品回顾。在互动策略上，设置话题标签，鼓励用户分享自己对环保时尚的理解，参与话题讨论的用户有机会获得品牌小礼品。通过这些操作，"绿尚"品牌在活动期间获得了大量关注，品牌知名度得到显著提升。

通过这个案例可以看出，DeepSeek 在市场营销流程中发挥了重要作用。借助合适的提示词公式，它能为品牌提供切实可行的方案，助力品牌在市场中取得更好的成绩。

3.4 全面把控项目管理，识别潜在风险

在项目管理中，制订合理的项目计划、及时识别潜在风险并有效应对，是确保项目顺利推进的关键。

3.4.1 DeepSeek 在项目管理中的操作流程

DeepSeek 凭借其强大的功能，能成为项目管理的得力助手。DeepSeek 在项目管理中的操作流程如下。

1. 制订项目计划

（1）明确项目信息：梳理项目的基本情况，包括项目目标、范围、时间要求、参与人员、资源等。例如：一个软件开发项目，其目标是在 6 个月内完成一款电商 App 的开发，参与人员有开发团队、测试团队、产品经理等，资源包括技术设备、开发资金等。

（2）输入指令：将项目信息输入 DeepSeek。例如，我负责一个电商 App 开发项目，要在 6 个月内完成。参与人员有开发团队、测试团队、产品经理，有相应的技术设备和开发资金。请帮我制订详细的项目计划，按周划分任务，明确每个阶段的交付成果。

（3）获取计划：DeepSeek 根据输入内容，生成详细的项目计划。以周为单位划分任务，如表 3–5 所示。

表 3–5　以周为单位划分的任务表

阶段	时间范围	主要工作内容	交付成果
第 1 阶段	第 1～2 周	产品经理完成 App 功能需求文档的撰写	App 功能需求文档
第 2 阶段	第 3～8 周	开发团队进行前端和后端的基础架构搭建	前端和后端基础架构代码、架构设计文档

续表

阶段	时间范围	主要工作内容	交付成果
第3阶段	第9～16周	完成各个功能模块的开发	各个功能模块的代码、功能模块开发说明文档
第4阶段	第17～20周	测试团队进行全面测试，提交测试报告	详细的测试报告（包含测试用例、测试结果、问题清单等）
第5阶段	第21～22周	根据测试结果进行修复和优化	修复后的代码、优化说明文档
第6阶段	第23～24周	完成App上线前的准备工作并正式上线	上线版本的代码包、上线相关文档（如应用市场提交材料等）

2. 识别潜在风险

整理项目推进过程中的各类信息，包括项目进度、人员状态、外部环境变化等。输入问题，获取结果，得到规避风险的具体方案，如表3-6所示。

表3-6 规避风险的具体方案

步骤	内容
汇总情况	在开发过程中发现部分开发人员未能熟练掌握新的技术框架，同时市场上出现了类似功能的竞品App
输入问题	向DeepSeek输入："在电商App开发项目中，部分开发人员未能熟练掌握新的技术框架，市场上出现了类似竞品。请帮我分析可能存在的风险。"
风险识别	DeepSeek分析后指出，开发人员的技术不足可能导致开发进度延迟，影响交付时间；竞品的出现可能导致市场份额被抢占，影响项目的预期收益

步骤	内容
明确风险	确定 DeepSeek 识别出的风险，如开发进度延迟风险和市场竞争风险

3. 提出应对策略

在 DeepSeek 中输入："针对电商 App 开发项目面临的开发进度可能延迟和市场竞争的风险，请帮我提出应对策略。"

DeepSeek 给出如下应对策略。

（1）对于开发进度延迟风险，可以组织内部技术培训，邀请专家进行指导，或者调整任务安排，让经验丰富的开发人员协助新手。

（2）对于市场竞争风险，可以加强市场调研，突出 App 的差异化功能，加快推广营销的节奏，提高产品的知名度和竞争力。

这样的流程操作下来，DeepSeek 凭借其数据洞察、智能决策、协同增效的操作流程，成为项目管理的强大引擎。

3.4.2 提示词的底层公式总结

使用 DeepSeek 进行项目管理相关操作时，提示词的底层公式为：【项目基本情况阐述】+【项目管理阶段及具体需求】+【具体问题或风险描述】。

1. 项目基本情况阐述

详细说明项目的目标、范围、时间、人员、资源等基础信息，让 DeepSeek 对项目有全面了解。

2. 项目管理阶段及具体需求

明确当前处于项目管理的哪个阶段（制订计划、识别风险、提出策略），以及该阶段的具体要求，如制订计划时的时间要求、任务划分需求，识别风险时的信息汇总，提出策略时应对的风险问题等。

3. 具体问题或风险描述

在识别风险和提出策略阶段，如果存在具体的问题或风险，要清晰描述，以便 DeepSeek 针对性地提供解决方案。

3.4.3 实际案例展示

假设"创想科技"公司承接了一个旅游 App 开发项目，项目目标是打造一款具有个性化旅游路线规划、景点智能推荐等特色功能的 App，计划在 5 个月内完成并上线。

1. 制订项目计划阶段

（1）明确项目信息。项目涉及开发团队、设计团队、测试团队和产品经理。开发团队负责编写代码，设计团队负责设计 App 界面，测试团队进行功能测试，产品经理把控整体需求和方向。项目资源包括开发设备、服务器资源及相应的开发资金。

（2）输入指令。项目负责人在 DeepSeek 中输入：

【项目基本情况阐述】我负责一个旅游 App 开发项目，目标是开发出有个性化旅游路线规划、景点智能推荐功能的 App，要在 5 个月内完成。参与人员有开发团队、设计团队、测试团队和产品经理，有相应的开发设备、服务器资源和资金；

【项目管理阶段及具体需求】请帮我制订详细的项目计划，按月划分任务，明确每个阶段的交付成果。

（3）获取计划。DeepSeek 生成项目计划。

第 1 个月，产品经理完成 App 功能需求文档和原型设计；设计团队根据原型完成 App 界面设计初稿。

第 2 ～ 3 个月，开发团队根据需求文档和设计稿进行 App 开发，完成核心功能模块的代码编写。

第 4 个月，测试团队介入进行全面测试，开发团队同步修复测试中发现的问题。

第 5 个月，进行最后的优化和上线准备工作，确保 App 顺利上线。每个阶段的交付成果分别为功能需求文档、原型设计稿、界面设计图、代码、测试报告等。

2. 识别潜在风险阶段

（1）汇总项目情况。在项目进行到第 2 个月时，发现部分设计人员对旅游行业的设计风格把握不准，同时旅游市场出现了政策调整，对旅游 App 的内容规范提出了更高要求。

（2）输入问题。项目负责人向 DeepSeek 输入："【项目基本情况阐述】在旅游 App 开发项目中，目前部分设计人员对旅游行业的设计风格把握不准，且旅游市场有政策调整，对 App 内容规范要求提高。【项目管理阶段及具体需求】请帮我分析可能存在的风险。"

（3）获取风险识别结果。DeepSeek 分析出设计人员风格把握不准可能导致 App 界面设计不符合用户预期，需要反复修改，影响项目进度；政策调整可能使 App 部分功能需要重新开发或调整，增加开发成本和时间。

3. 提出应对策略阶段

（1）明确风险问题。确定面临的风险是 App 界面设计风险和政策调整导致的开发风险。

（2）输入应对需求。项目负责人在 DeepSeek 中输入："【项目基本情况阐述】针对旅游 App 开发项目中 App 界面设计可能不符合用户预期和政策调整导致开发变动的风险，【项目管理阶段及具体需求】请帮我提出应对策略。"

（3）获取应对方案。DeepSeek 给出应对策略：对于界面设计问题，可以收集大量优秀旅游 App 的设计案例供设计人员参考学习，邀请旅游行业的设计专家进行指导；针对政策调整风险，安排专人研究政策细则，及时调整 App 功能规划，与相关部门沟通确认，确保符合政策要求，同时合理调整项目计划和预算。

通过这个案例可以看出，DeepSeek 在项目管理中能有效协助制订计划、识别风险和提出应对策略，借助合适的提示词公式，能让项目管理更加高效、科学，保障项目顺利推进。

3.5 办公软件 × DeepSeek，协同提升办公效率

在职场中，我们每天都会面临各种复杂的办公任务，要是能有一种高效的方法来处理这些任务，那可就太方便了。

现在 DeepSeek 能跟 Excel、Word 一起搭配着干活。在处理大型项目的文档、生成数据分析报告的时候，使用 DeepSeek，可使工作效率迅速提高。下面我就给大家举一些实际操作中的例子，看看这效果到底有多厉害。

3.5.1 协同处理大型项目文档：DeepSeek 与 Word 协同方式

假设你在一家建筑公司工作，负责撰写一个商业综合体建设项目的整体策划文档。这个文档需要涵盖项目的各个方面，像项目概述、设计方案、施工计划、预算明细和风险评估等。以往独自完成这样的文档，要花费大量时间收集资料、梳理思路和撰写内容，而有了 DeepSeek 和 Word 的联手后，整个流程就高效多了。其具体操作步骤如下。

1. 明确需求

具体操作为在 DeepSeek 输入指令："负责商业综合体建设项目，撰写项目概述，包含地理位置、规模、定位和建成时间。"DeepSeek 调用语言模型与知识储备，经语义分析，从行业资料、案例及地理数据提取内容，整合成条理文本。

具体作用为生成如"项目位于［具体城市］［具体区域］，

占地［×］平方米，总建面积［×］平方米，定位为城市地标性商业中心，预期［具体时间］建成运营"的项目概述。这一概述为后续的文档撰写奠定了基础。

2. 导入文本

具体操作为把 DeepSeek 生成文本复制到 Word。

具体作用为利用 Word 强大的排版功能，可以对文本进行进一步优化。调整字体，选择与项目风格相符的字体，设置段落格式，插入项目相关图片，增强文档的专业性与直观性。

3. 内容拓展

具体操作为在 DeepSeek 输入："结合商业综合体定位，分析流行建筑风格，撰写设计方案，突出空间、功能分区与外观特点。" DeepSeek 搜索知识图谱，分析风格契合度，从采光、通风等角度构思布局，生成设计方案描述。

具体作用为生成如"采用现代简约与时尚科技风格，开放式中庭设计，地下一层超市，一至三层零售，四层餐饮，五层以上办公，玻璃幕墙与金属材质外观，灯光夜景"的设计方案。这一设计方案的生成进一步完善了文档内容。

4. 文档整合与优化

具体操作为在 Word 使用目录生成、样式和格式刷功能。

具体作用为 DeepSeek 持续提供内容支持，Word 将各部分内容整合成格式规范、完整的项目策划文档。

3.5.2 协同生成数据分析报告实战案例：DeepSeek 与 Excel 协同方式

还是以 3.5.1 中的商业综合体项目为例，在项目筹备阶段，需要对成本、收益、市场需求等数据进行分析，生成一份详细的数据分析报告，为项目决策提供依据。这时，Excel 和 DeepSeek 的协同作用就凸显出来了。

表 3-7 展示了这一过程。

表 3-7 使用 DeepSeek 协同 Excel 处理项目文档流程

操作步骤	具体操作	具体作用
数据整理	在 Excel 整理项目成本、市场调研、预期收益等数据，制成规范表格	利用 Excel 的排序、筛选、计算功能，如算总成本、预测收益，为分析做准备
分析需求输入	在 DeepSeek 输入："依据 Excel 表格中商业综合体项目成本、收益和调研数据，分析投资回报率与市场竞争力，撰写结论和建议。"DeepSeek 读取数据转化为结构化信息，运用算法与经济模型计算分析，参考行业标准等信息，生成文字报告	生成如"在当前规划下，项目投资回报率为 [×]%，高于行业平均。与竞品相比，功能分区有优势，但品牌知名度和运营经验不足，建议开业初推优惠活动，加强品牌合作"的分析结论
图表制作	用 Excel 图表功能，依成本数据制柱状图、调研数据制折线图、收益数据制饼图	直观展示数据，为报告提供可视化支持

续表

操作步骤	具体操作	具体作用
报告整合	将 DeepSeek 结论和 Excel 图表复制到 Word，撰写开头、结尾与衔接内容	DeepSeek 提供文字分析，Excel 提供数据图表，Word 形成专业全面的数据分析报告

3.5.3 综合案例：市场调研项目

假设你在一家市场调研公司，负责为某知名饮料品牌进行新品上市前的市场调研分析，并撰写调研报告。

1. 数据收集与整理

通过线上问卷、线下访谈等方式收集消费者对饮料口味、包装、价格等方面的偏好数据，以及市场上同类竞品的相关信息。将这些数据整理到 Excel 表格中，包括消费者的年龄、性别、地域、对不同口味的喜爱程度、对包装的评价、可接受的价格区间，以及竞品的品牌、价格、市场占有率等信息。

2. 数据分析与报告内容生成

在 DeepSeek 中输入提示词：

【任务主题阐述】我正在进行某知名饮料品牌新品上市前的市场调研分析；

【任务类型及具体要求】请根据 Excel 表格中收集的消费者偏好和竞品数据，分析目标消费者的特征、市场需求趋势及新品的竞争优势和潜在挑战，并撰写一份详细的分析报告大纲。

【关联数据或文档信息】Excel 表格名为"饮料市场调研数据 .xlsx"。

DeepSeek 读取 Excel 表格数据后，运用数据分析算法和市场调研知识，分析得出：目标消费者主要是 15 ～ 35 岁的年轻群体，他们更偏好水果口味、简约时尚的包装和中等价位的产品；市场需求趋势显示低糖、天然成分的饮料越来越受欢迎；新品在独特的口味配方上具有竞争优势，但在品牌知名度和市场推广方面面临挑战。基于这些分析，生成报告大纲，包括引言、市场调研方法、目标消费者分析、市场需求趋势、竞品分析、新品优势与挑战、结论与建议等板块内容。

3. 报告撰写与完善

将 DeepSeek 生成的报告大纲复制到 Word 文档中，针对每个板块，再次借助 DeepSeek 丰富内容。例如在"目标消费者分析"板块，输入"详细阐述 15 ～ 35 岁年轻群体的消费心理、消费习惯及对饮料品牌的认知和选择因素"。DeepSeek 生成详细的分析内容后，粘贴到 Word 文档对应位置。在"结论与建议"板块，输入"根据前面的分析，总结新品上市的关键要点，并提出具体的市场推广建议"，得到内容后同样整合到 Word 文档中。

4. 数据可视化与报告整合

回到 Excel，根据消费者对不同口味喜爱程度的数据制作柱状图，展示各口味的受欢迎程度；根据竞品市场占有率数据制作饼图，直观呈现市场竞争格局。将这些图复制到 Word 文档中对应的分析内容旁边，增强报告的可视化效果。最后，在 Word 中对整个报告进行排版优化，统一格式，添加目录、页眉页脚等，完成一份完整、专业的市场调研报告。

3.5.4 提示词的底层公式

在利用 DeepSeek 和办公软件协同工作时，提示词可以按照这个公式来组织：【任务主题阐述】+【任务类型及具体要求】+【关联数据或文档信息】。

1. 任务主题阐述

清楚地说明你要处理的任务属于哪个领域，如商业综合体建设项目、市场营销活动策划等，让 DeepSeek 明白任务的背景和方向。

2. 任务类型及具体要求

明确你要 DeepSeek 做什么，是撰写项目概述、分析数据，还是其他任务，同时详细说明具体的要求，如撰写内容的侧重点、分析数据的指标等。

3. 关联数据或文档信息

如果任务和特定的数据或文档有关，像 Excel 表格里的数据范围、Word 文档里已有的内容等，在提示词里提供这些信息，就能让 DeepSeek 给出更准确的结果。

从上面这些实际例子就能看出来，DeepSeek 和咱们常用的

Excel、Word 这些办公软件搭伙干活儿，是真的能让办公效率噌噌往上涨。不管是面对那些又多又复杂的大型项目文档，还是要做一份数据分析报告，只要把它们协同合作的优势利用好了，工作起来那叫一个轻松。不用再熬夜加班、焦头烂额，就能又快又好地把活儿干完，工作负担小了，完成的任务质量还高，职场竞争力一下子就提升了不少。

3.6 跨平台多功能协同：一键生成 PPT、录音纪要整理与智能生图

职场人都知道，办公效率如果能提高，那工作压力就能小不少。今天就给大家讲讲 DeepSeek 和其他平台搭配使用，实现高效办公的方法。

3.6.1 DeepSeek 与 AiPPT 综合应用，实现 PPT 全流程一键生成

AiPPT 是一款智能生成 PPT 的在线工具。将 DeepSeek 与 AiPPT 组合使用，可以快速生成 PPT 大纲、各板块文字内容、相关数据和案例，这可以节约大量工作时间。

下面，我们看看 DeepSeek 与 AiPPT 怎么组合。

1. 明确 PPT 需求，在 DeepSeek 中输入指令

制作关于［主题］的 PPT，包含各个板块的内容，风格为【你喜欢的风格】，重点展示［核心观点或产品特点］

例如，公司要举办新品发布会，确定主题为"新款智能手表发布会 PPT"，板块包括产品外观、功能介绍、技术优势、市场竞品分析、购买渠道。风格选择"科技时尚风"，核心观点是突出智能手表的创新功能和独特设计。在 DeepSeek 输入：制作关于新款智能手表发布会的 PPT，包含产品外观、功能介绍、技术优势、市场竞品分析、购买渠道内容，风格为"科技时尚风"，重点展示智能手表的创新功能和独特设计。

描述得越详细，DeepSeek 生成的内容越贴合你的要求。

2. 获取 DeepSeek 生成内容并复制

DeepSeek 根据指令生成 PPT 大纲、各板块文字内容、相关数据和案例。例如，在功能介绍板块，详细说明了智能手表的健康监测功能、智能提醒功能等，还列举了一些技术参数，复制这些内容备用。

仔细检查生成内容，如有不符合需求的地方，可修改提示词重新生成。

3. 选择模板并粘贴内容到 AiPPT 平台

打开 AiPPT，在众多模板中挑选与"科技时尚风"匹配的模板。然后将 DeepSeek 生成的内容逐段粘贴到对应的页面和文本框中，如把产品外观介绍粘贴到相应页面，选择模板时要考虑 PPT 主题和风格的适配度，以确保整体视觉效果统一。

检查 PPT 排版布局，调整文字格式、图片大小、图表样式等。例如，修改文字的字体、字号、颜色，调整图片位置使其更美观，优化图表的数据展示方式。

另外，在 Microsoft PowerPoint 中，借助一些插件也可实现类似效果。

3.6.2 DeepSeek 与通义听悟综合应用实现会议实时录音和会议纪要整理

通义听悟是阿里巴巴的智能语音转写与分析工具。将 DeepSeek 与通义听悟组合使用，可以快速完成音频文字提取，得到会议录音文字稿，并将文字稿转化成符合要求的会议纪要。其具体操作如下。

1. 开启通义听悟录音

公司召开项目进度会议时，你可使用通义听悟 App。在会议开始时，单击录音按钮，确保会议中的发言、讨论等都被完整记录下来。

注意：保证录音设备正常运行，录音环境尽量安静，减少外界干扰，确保录音清晰。

2. 下载录音并获取初步纪要

会议结束后，在通义听悟上找到录制的会议文件，进行语音提取文字处理，通义听悟会生成初步的会议纪要。

注意：在传输过程中要保证网络稳定，避免因网络问题而导致传输失败或提取文字出错。

3. 优化会议纪要（DeepSeek 平台）

把通义听悟生成的项目进度会议纪要上传或复制到 DeepSeek 中，输入："请根据这份会议纪要，提炼重点内容，总结关键决策、待办事项，按分点形式输出。"DeepSeek 会整理出项目的下一步计划、负责人、时间节点等关键信息。

注意：输入的提示词要准确表达需求，以便 DeepSeek 更精准地提炼内容。

其他可实现类似功能的平台还有腾讯会议、飞书会议、钉钉会议等，也可以根据个人喜好尝试使用。

3.6.3 DeepSeek 与豆包综合应用实现智能生图

豆包是字节跳动公司基于云雀模型开发的 AI 工具。将 DeepSeek 与豆包组合使用，可以得到优质的文生图提示词，进而生成惊艳的图片。其具体操作如下。

1. 构思图片需求并在 DeepSeek 细化

生成一张关于［主题］的［图片用途］，画面突出［关键元素］，风格为［期望风格］，元素布局［简单描述布局要求］（明确主题、用途、关键元素、风格和布局）的提示词。

例如，某公司要为宣传环保活动制作海报。在 DeepSeek 输入：生成一张关于"守护绿水青山的活动宣传海报，画面凸出青山、绿水、环保志愿者，风格为'清新自然风'，志愿者在画面前景，山水在背景"的提示词。

注意：构思要尽量具体，方便 DeepSeek 理解需求，生成更符合预期的详细描述。

2. 将在 DeepSeek 获取的细化描述输入到豆包中

把 DeepSeek 生成的详细指令复制到豆包中。

例如，将 DeepSeek 生成的"前景：一群充满活力的环保志愿者，身穿绿色马甲，手持清洁工具，面带微笑，正在弯腰捡拾垃圾。他们身后是清澈的河流和郁郁葱葱的青山，形成鲜明对比。背景：蓝天白云下，青山连绵起伏，绿树成荫，清澈的河流蜿蜒流淌，几只白鹭在水面上嬉戏，呈现出一幅生机勃勃的自然画卷。整体风格：清新自然，色彩明快，以绿色为主色调，突出环保主题"的指令复制给豆包。

注意：若借助非 DeepSeek 的外部工具生成图片，需要了解工具的使用规则和特点，按提示调整关键词。

3. 保存并应用图片

将满意的图片进行保存，可以应用到环保活动宣传海报设计中，也可以用于相关的 PPT、文章配图等。

注意：根据使用场景调整图片格式和大小，确保图片在不同平台上正常显示。

可将此案例中的豆包替换成其他任何支持文生图的 AI 工具，如腾讯智影、文心一格、通义万相等，获取更加多样化的结果。

这些 DeepSeek 跨平台综合应用的方法，能帮你在办公时节省不少时间和精力。大家赶紧试试，说不定你就会发现办公变得轻松又有趣了！

 小练习

尝试将 DeepSeek 与更多的工具组合使用，实现 DeepSeek 的多模态应用！例如，用 DeepSeek 生成 Markdown 格式文件，结合 Xmind 等工具，快速生成思维导图！

第 4 章
创意激发，DeepSeek 助你轻松打造个人 IP

职场人修炼到"六边形战力"就够了吗？答案藏在时代的回响里——彼得·德鲁克曾说："预测未来的最好方式就是去创造它。"当 AI 重构办公场景后，PPT 制作、数据分析等基础技能已演化为职场人士的生存底线。这个时代，人人都是自媒体。就像我在咖啡厅碰见的前同事老张，他白天是科技公司的项目经理，晚上在知乎写行业分析，结果被猎头挖去当了总监。现在的职场人士谁还没个副业？你发的每篇干货文章都是会走路的简历，你分享的实战经验比公司头衔更有说服力。

当别人还在用 Word 撰写报告时，懂 AI 的职场人士已经开始用智能工具将专业洞见转化为巨大流量。这不是跨界，而是升维。

4.1 文案没人看？让阅读量暴增的秘诀

很多新手对于文案写作经常感到头疼：花了一天时间写文案，结果阅读量却少得可怜，连 100 都破不了。对他们来说，DeepSeek 的出现简直就是天大的好消息：用 DeepSeek 写文案，效率提升得可不是一点点！

就拿写茶饮品牌的文案来说，以前团队写一篇推文，要花 6 小时，讨论、撰稿，最后阅读量才 1000 多人次。如果用了 DeepSeek，只需要在提示词中融入"新品葡萄冰茶""夏日清凉""第二杯半价"等信息，很快就能得到一份不错的文案初稿！由此所节约的时间，团队人员可以用来想创意、做优化、做运营。如果持续使用 DeepSeek，品牌文案的工作就会变得很轻松，其内容质量也将大幅提升。

4.1.1 核心方法：一步生成公式——输入需求，直接出稿

"一步生成"可不是说点一下就搞定了，而是通过一套很精准的指令，让 AI 帮我们完成 80% 的、枯燥又麻烦的工作，而我们只要把精力放在"输入需求"和给文案"注入灵魂"上就行了，具体如表 4-1 所示。

表 4-1 "一步生成公式"案例

步骤	要点	痛点	操作方法	案例	提示词公式及案例应用
输入需求	5秒让AI听懂你要什么	模糊指令＝垃圾产出；精准需求＝爆款雏形	万能模板："平台＋人群＋核心词＋情绪/场景"	错误案例：写咖啡文案。满分指令："小红书＋年轻女性＋焦糖玛奇朵＋治愈感，要求带'打工人续命''闺密下午茶'场景，加表情和口语化表达。"DeepSeek生成示例："打工人周一靠什么续命？当然是焦糖玛奇朵！绵密奶泡＋焦糖淋面，一口下去像在云端开会。拉上闺密可享第二杯半价，'吐槽'老板也可以变得很优雅✦"	提示词公式：【平台】＋【目标人群】＋【核心产品/主题】＋【情绪/场景】＋【其他特殊要求（格式、风格等）】。案例应用：在满分指令这个案例中，【平台】是小红书，【目标人群】是年轻女性，【核心产品/主题】是焦糖玛奇朵，【情绪/场景】是治愈感，"打工人续命""闺密下午茶"场景，【其他特殊要求】是加表情和口语化表达
优化发布	5分钟注入"人性化灵魂"	AI生成的文案可能比较生硬，缺乏吸引力	口诀：一加二改三埋点。加钩子：前3句必须抓眼球（例如，"北京，40元！这杯冰咖啡续命！"）。改表述：将AI的"官方表达"转成"用户语言"	AI初稿："产品性价比高"；人类优化版："用一杯奶茶的钱喝出星巴克的质感"	埋互动点：结尾抛出争议性问题或利益诱惑，如"你是'拿铁党'还是'美式党'？评论区抽3人送免单券！"

4.1.2　爆款密码：3个数据化技巧，让AI文案碾压人工文案

1. 热点 + 冷门视角 = 流量蓝海

第1个技巧是将热点与冷门视角相结合，找到流量蓝海。

（1）底层逻辑。大家都知道追热点能有流量，70%的人都在追热点，可只有3%的人会去找不一样的视角。要是你能找到冷门视角，那流量自然就来了！

（2）操作示范。

热点：酱香拿铁刷屏。

冷门视角：用DeepSeek生成"联名爆款公式：小众品牌 + 反常识跨界"。

指令："基于乔纳·伯杰的《疯传》一书中的理论，分析酱香拿铁爆红的原因，列出3条可复制公式。"

2. 情绪峰值 + 数据背书 = 信任感飙升

要学会用数据做背书，带数据的文案，转化率能显著提升。如果这些数据刚好能印证用户的某种情绪，文案就能收获更多认可。例如，下面这条文案：

连续加班7天？这杯玛奇朵能让你的效率提升40%！

用加班的疲惫情绪引出产品，再加上效率提升的数据，就很容易让人心动。

3. 互动率翻倍：把读者变成"自来水"

这条技巧的公式为：痛点提问＋利益诱惑＋低门槛参与。例如，下面这条文案：

> 每天靠咖啡"续命"的举手！评论区晒订单截图，抽5人送全年半价卡！

先提出很多人靠喝咖啡"续命"的痛点，再用"送全年半价卡"这种利益诱惑大家，而且晒订单截图就能参与，这样就很容易吸引读者参与互动。

4.1.3　高阶技巧：让 AI 成为你的"爆款军师"

让 AI 成为你的"爆款军师"，有3个高阶技巧，分别是关键词暴力测试、一键切换"人格"及数据复盘。

1. 关键词暴力测试——挖出隐藏金矿

操作方法：输入一些看似不相关但有趣的关键词组合，看看能生成什么新奇的内容。例如，输入"美妆＋反焦虑"，产出"拒绝容貌焦虑！方圆脸女孩的5种绝美妆容"。通过这种方式，就能挖掘出一些独特新颖的创作方向，为内容创作带来更多可能性。

2. 一键切换"人格"——精准匹配受众

操作方法：根据不同的受众类型，选择相应风格的关键词，让文案更符合受众的喜好。例如，受众类型为"Z世代"，其风格关键词是网感、玩"梗"。像表情包文案"早八人、早八魂，伪素颜妆直接封神"，就利用了"Z世代"熟悉且喜爱的网络热梗，容易引起他们的共鸣。

又如，当受众类型为"宝妈"时，其风格关键词是治愈、实用、共情。"3分钟快速搞定妆容，娃哭也不慌"，这句文案就从"宝妈"忙碌的生活场景出发，提供了实用的解决方案，还能传递出温暖治愈的情感，精准匹配宝妈群体的需求和喜好。

3. 数据复盘——AI也要"迭代升级"

（1）提取历史爆文数据。例如，可使用DeepSeek指令"分析我过去30天前5名的爆款文案，提取高频关键词和情绪标签"，假设示例结果显示关键词"性价比"出现率为80%，情绪标签"治愈""焦虑"占比最高，那么这表明在过往的爆款内容中，用户多关注"性价比"这个元素，同时"治愈"和"焦虑"相关的情绪也能引发用户共鸣。

（2）对比行业热点。例如，可使用DeepSeek指令"提供小红书美妆领域本月前10名的热搜词"。若结果发现"早八妆"热度上升，但自己的历史文案未覆盖该内容，那就需要立刻补充相关选题，以跟上行业热点趋势，吸引更多流量。

（3）优化指令库：根据复盘结果，对指令库进行调整。例如，将"性价比"替换为"偷懒神器"，并新增"快速出门""通勤必备"等场景词。这样可以让向AI下达的后续指令更贴合当下用户的需求和兴趣点。

（4）AB测试验证。你可将同一篇文案用两组不同关键词发布，并观察数据差异。例如，某母婴博主将"高性价比尿不湿"改为"一夜干爽黑科技"后，文案点击率提高了120%。通过这样的对比测试，用户能直观了解不同关键词对内容效果的影响，为后续创作提供有力参考。

对于新手而言，建议每周进行1次数据复盘，重点优化关键词和风格；成熟账号则每月进行2次数据复盘，并结合行业趋势调整内容策略，从而不断提升内容质量和传播效果。

以下是DeepSeek文案生成指令库，具体内容如表4-2所示。

表4-2　DeepSeek文案生成指令库

指令类型	指令模板	示例
通用爆款模板	"平台（小红书／抖音）＋人群（'Z世代'／宝妈）＋核心产品＋场景（上班／约会）＋情绪（治愈／焦虑）"	"抖音＋30岁男性＋蓝牙耳机＋通勤场景＋科技感，要求口语化带'梗'"
热点结合指令	"结合最近爆火的××事件，写一篇突出产品××功能的推广文案"	"结合'多巴胺穿搭'热点，为运动鞋写一篇强调'色彩搭配'的文案"
互动引导指令	"在文案结尾添加一个引发讨论的问题，并设计抽奖活动"	"提问'你最喜欢哪种咖啡豆？'并抽3人送试喝套装"
数据强化指令	"引用行业报告数据，突出产品优势"	"引用《2024—2030年中国现磨咖啡行业市场全景分析及投资前景展望报告》，说明现磨咖啡的市场份额提升了30.7%"
风格切换指令	"用××风格（毒舌／暖心／专业）改写以下文案"	"用'毒舌测评风''吐槽'普通咖啡，通过对比突出新品优势"

4.2 文案写不好？试试仿写各种风格

相信不少朋友都在2025年春节期间看过"DeepSeek 仿写《玄武门之变》"的案例，在这则案例中，DeepSeek 一定程度上还原了李世民的独白，那句"月照玄武门，血染征袍未冷。这一箭射出的，是帝王霸业，也是手足绝响。长安城可安眠？千秋史笔，终会写下今夜无人成眠"是不是极有感觉？

你也想写出这样的经典句子吗？那就赶紧学起来吧。

4.2.1 保姆级教程：5 步变身写作高手

"投喂"语料、设定角色参数、结构化提示词、动态校准、人工润色是变身写作高手的5个关键步骤。下面将以加强基层治理议题为例，演示这5个步骤。

1. 投喂语料

（1）具体操作：输入具有目标风格的3～5篇范文（如领导讲话稿、专家报告等）。

（2）指令示例：分析 ××× 领导近3年讲话高频词与句式结构，生成白皮书风格的文章。

（3）提示词公式：分析［目标人物］［时间段］讲话的高频词与句式结构，生成白皮书风格的文章。

（4）案例应用：在本步骤中，目标人物为 ××× 领导，时间段为近3年。通过这个指令让 DeepSeek 分析并生成白皮书风格，为后续写作提供风格基础。例如，在撰写加强基层治理相关文章时，若想以特定领导的讲话风格为参考，就可借助这样的指令获取相应风格的基础内容框架和语言特点。

2. 设定角色参数

（1）领导模式：激活"动员激励""政治术语库"模块，限制口语化表达。在这一模式下，生成的内容更具领导讲话的风格特点，强调激励和政治专业性，避免过于随意的口语表述，使文章在传达信息的同时，能更好地鼓舞士气、引领方向。

（2）专家模式：启用"学术引用""数据可视化"功能，禁用主观情感词汇。该模式有助于生成更具学术性和客观性的内容。通过引用学术资料和利用数据进行可视化呈现，我们可以增强文章的说服力和专业性，使其符合专家严谨、理性的写作风格。

3. 结构化提示词

（1）领导口吻模板："以'［主题］'为主题，融合'［政策精神］'，引用［具体年份］［地区］经济数据，每段包含1组排比句，结尾用以'同志们'为开头的'号召'收束。"例如，以"凝心聚力促发展"为主题，融合"十四五"规划精神，引用2024年全省经济数据，每段包含1组排比句，结尾用以"同志们"为开头的"号召"收束。

相关案例：要坚持党建引领，织密"网格化"管理的一张网，下好"精细化"服务的一盘棋，打好"多元化"共治的一套拳，让基层治理"最后一公里"畅通无阻！

领导口吻提示词公式：以"［主题］"为主题，融合"［政策精神］"，引用［具体年份］［地区］经济数据，每段包含1组排比句，结尾用以"同志们"为开头的"号召"收束。在"加强基层治理"的领导版写作中，主题为"加强基层治理"，政策精神可假设为相关基层治理政策，地区经济数据可根据实际情况引用，通过这样的指令让DeepSeek按领导口吻生成内容。

（2）专家口吻模板："基于'［政策目标］'背景，分析［行业］转型路径，引用《［报告名称］》的案例，提出3条可量化的建议，结尾用'综上所述'总结。"例如，基于"双碳"目标背景，分析制造业低碳转型路径，引用《中国工业绿色发展报告》的案例，提出3条可量化的建议，结尾用"综上所述"总结。

相关案例：基于社会网络分析（SNA），建议构建"1＋3＋N"协同治理模型（1个平台、3类主体、N项机制），通过数字孪生技术将事件处置的效率提升40%以上（参考某市试点数据）。

专家口吻提示词公式：基于"［政策目标］"背景，分析［行业］转型路径，引用《［报告名称］》的案例，提出3条可量化的建议，结尾用"综上所述"总结。在"加强基层治理"的专家版写作中，政策目标为与基层治理相关的目标，行业为基层治理行业，报告名称为相关治理报告，依此生成专家口吻内容。

4. 动态校准

该步骤的具体操作为通过"注意力权重迁移"技术，自动调整语气。当领导讲话涉及突发舆情事件时，增加"稳字当头""底线思维"等关键词；专家报告需深化理论时，插入"熵增原理""边际效应"等术语。

这一步骤能够根据不同的写作场景和需求，智能地对生成内容的语气和专业性进行调整。例如，在基层治理相关内容写作中，如果涉及突发的基层治理危机事件，领导讲话内容就会自动融入强调稳定和风险防范的关键词，使讲话更贴合实际情况；而专家报告在探讨基层治理的理论深化问题时，会适时插入专业术语，提升报告的理论深度。

5. 人工润色

（1）领导稿：添加口语化短句，如"这里我强调三句话"。适当加入口语化短句，能让领导稿件在保持庄重严肃的同时，增加与受众的亲近感和交流感，使内容更具现场感染力，更符合领导讲话的实际场景。

（2）专家稿：补充文献注释，如"请搜索10篇与主题相关的权威文献"。补充文献注释能进一步增强专家稿件的学术严谨性和可信度，方便读者查阅相关资料，深入了解文章所依据的学术背景和研究成果，提升文章的学术价值。

4.2.2　直播高手销售话术仿写

用DeepSeek仿写直播高手销售话术，主要分为3个步骤。具体过程如下。

1.　准备阶段——像侦探一样分析用户

（1）输入产品核心信息。把产品的详细信息都告诉DeepSeek，不能简单地问"写一条保温杯话术"之类的问题。以完整的产品信息输入示例，"产品：智能保温杯，客单价299元，颜色黑、白、蓝。需求：生成包含开场'钩子'、痛点放大、价值提升、互动设计、催单话术的完整脚本"。

（2）获取用户画像。借助DeepSeek分析历史数据，了解目标用户是谁，以及他们的需求。通过分析发现，目标用户为25~45岁的上班族，关注"保温效果""便携性""智能功能"。

以开场"钩子"示例，"家人们！今天这款智能保温杯可以让你的温暖不再'断电'。别让保温杯成为摆设！这款杯子，让你的热水24小时热力不减。原价499元，直播间专属价299元，三色可选，库存只有30件"！

我们可以带着好奇心多给DeepSeek提供不同的的提示词公式！

例如：产品信息描述（产品名称、客单价、颜色等）+需求描述（包含话术环节、风格要求等）+SWOT分析。

再如：产品信息描述（产品名称、客单价、颜色等）+需求描述（包含话术环节、风格要求等）+场景化营销。

2. 直播中——实时调整话术

（1）监测弹幕关键词。助播时刻关注观众在弹幕里问的问题，把问题输入给 DeepSeek 后根据关键词调整话术。

（2）自动生成互动话术。以智能保温杯直播为例，当观众频繁提问"保温效果好吗？""能保温多久？"等问题时，主播可以依据 DeepSeek 输出的推理分析内容进行话术调整。主播随后说道："家人们看好了！我倒一杯开水，8 小时后水温还能保持在 50 度以上！（转向镜头）现在下单还送保温杯套！"

对于不同的话题进行分类，整理输出高互动话术，如对"使用场景"这一话题，主播话术为："经常出差的扣 1，健身用的扣 2！我来给大家讲讲怎么在不同场景里使用这款保温！"

3. 直播后复盘——用数据说话

（1）分析关键指标。直播结束后，通过 DeepSeek 查看"用户停留时长""互动峰值时段""转化率"这些关键指标，看看直播过程中哪些地方做得好，哪些地方还有提升空间。

（2）优化策略。根据分析结果，调整话术。例如，在智能保温杯直播后复盘，结果如下。

① 发现"互动环节"话术效果差。

② 调整话术为："现在下单的家人，我再送价值 39 元的便携杯刷！（倒计时 5 秒）3、2、1……恭喜抢到的家人！"

4.2.3 风险防控与高阶技巧：让 AI 更"像人"

我们可以尝试使用以下 3 个高阶技巧，让你的 AI 更"像人"。

1. 风格保鲜机制

每月更新语料库，对比领导最新讲话，动态调整"政治术语浓度""排比句密度"等参数。例如，某省委政策研究室通过持续优化模型，把讲话稿风格吻合度从 72% 提升到了 91%。

2. 人机协作铁律

（1）领导稿：AI 生成框架（60%），人工添加"接地气"案例（如"就像王家村大棚改造的实践"）。

（2）专家稿：AI 输出初稿（70%），人工插入权威报告截图或图表注释。

3. 代际风格衔接

（1）"60 后"领导：增加"同志们""必须清醒认识到"等唤醒词。

（2）"80 后"专家：激活"场景化叙事"模块，如用"小红书博主式种草体"解读政策："三招教你读懂'数字经济'——简单、直接、有深度！"

4. 金句仿写进阶

原句：代码写不出初心。

你的版本：算法算不透民心。

原句：发展才是硬道理。

你的版本：迭代才是铁规矩。

不难发现，DeepSeek 在仿写文案方面非常擅长，不过大家要注意，真正厉害的还是人机协同中的"人"。领导讲话的温度，专家报告的深度，这些有灵魂的东西还得靠我们人类来赋予。就像 AI 说的那句超棒的话："代码写不出初心，但能放大初心的回声。"

借 DeepSeek 仿写之力，每个人都能跨越写作鸿沟，从新手进阶为专家，靠创作赢得自己的高光时刻。

4.3 不会拍短视频？零基础 15 分钟出片

其实，我们可以用 DeepSeek 玩出很多新花样，如用它写短视频脚本，能实现零基础 15 分钟出片。

4.3.1 打破焦虑：传统短视频制作的三大痛点

在做短视频时，你是否常常被各式各样的问题搞得焦头烂额？

熬夜写脚本，一遍又一遍地修改，可甲方依然不满意；全网疯狂搜罗素材，结果图片画质模糊不清，根本没法用；辛辛苦苦地剪辑，为了字幕和音效的细节熬到凌晨，视频播放量却少得可怜。其实，很多人都面临这样的困境，这并不是因为缺乏创意，而是烦琐的制作流程实在太磨人了。

别慌，请记住这个公式：DeepSeek+AI 工具 = 品宣自由。掌握了这个公式，制作短视频就再也不是什么难事了！

接下来，我将以制作普洱茶宣传片为例，手把手教你如何在 15 分钟内，不花一分钱做出专业级视频。表 4–3 详细列出了每一步的操作步骤、提示词以及应用案例。

表 4–3　制作普洱茶宣传片案例

步骤	操作路径	提示词	应用案例
让 DeepSeek 当你的编导	1. 登录DeepSeek官网，勾选"深度思考模式"； 2.在输入框输入内容	我要做一个［时长］［产品名］宣传片，需包含［关键元素1］［关键元素2］［关键元素3］，脚本用表格呈现，包含时间轴/画面描述/文案/音效，适配［AI生图工具名］	制作普洱茶宣传片时，在DeepSeek输入："我要做一个 30 秒的普洱茶宣传片，需包含云南古茶树、传统制茶工艺、现代品茶场景，脚本用表格呈现，包含时间轴/画面描述/文案/音效，适配即梦 AI 生图。" 入门技巧： 1.可以直接复制这个提示词模板，仅替换产品名称； 2.要是生成的画面不够生动，就追加一句"请细化画面细节，加入超写实皮肤纹理、逆光晨雾等元素"

续表

步骤	操作路径	提示词	应用案例
AI生图工具极速出片	1. 将 DeepSeek 生成的画面描述粘贴至即梦 AI；2. 生成图片后，用可灵 AI 将图片转为动态视频（支持自动补帧和镜头运镜）	0～5秒：云南古茶树群，清晨薄雾，金色晨光，露珠特写，国风山水画质感，16:9 vivid color Nikon D850 85mm—ar 16:9—v6	在普洱茶宣传片制作中，把对应画面描述输入即梦 AI 生成图片，再用可灵 AI 转化为动态视频。避坑指南：1. 要是提示词过长，就对 DeepSeek 说"将这段描述精简到 800 字内，保留核心参数"；2. 生成人物手部特写时，添加关键词"超写实皮肤纹理、逆光血管细节"，防止画面出现塑料感
剪映极速包装成片	1. 打开剪映，导入可灵 AI 生成的视频素材；2. 利用剪映内置功能，用 DeepSeek 生成的文案直接生成 AI 配音；3. 根据场景添加转场特效，古风场景用"水墨晕染"，现代场景用"分屏对比"	—	制作普洱茶宣传片时，导入视频素材，添加 AI 配音，古风茶叶制作场景添加"水墨晕染"转场，现代品茶场景添加"分屏对比"转场。流量密码：1. 背景音乐选择"轻音乐＋自然白噪声"组合，能让视频完播率提升 40%；2. 封面图即梦 AI 生成的"茶汤流动＋书法标题"的3D效果图

4.3.2　进阶秘籍：让视频流量翻倍的3个撒手锏

要是你不满足于只做普通的视频，想让视频流量翻倍，从 80 分提升到 100 分，下面这些技巧你一定要学会！

1. 脚本黄金公式：Jimmy 爆款结构

（1）开头 3 秒："标签 + 痛点"。如"还在为短视频流量发愁吗？这条普洱茶宣传片 3 天突破 10 万次播放量"，一下子就抓住了目标用户的痛点，吸引他们继续观看。

（2）中间 20 秒："反常识观点 + 证据"。如"你以为好茶靠年份？真正决定品质的是采摘后 8 小时的萎凋工艺"，再配上茶农计时器特写画面，就能引起观众的好奇心，让他们不愿离开。

（3）结尾 5 秒："指令 + 悬念"。如"单击左下角链接领取古树茶样，评论区告诉我你喝到的第 1 口茶是什么味道？"既引导用户行动，又促进互动，提高视频热度。

2. 高点击率画面生成口诀

（1）"3 高 1 特"原则。高饱和度 + 高对比度 + 高动态范围 + 特写镜头。就像茶汤倾倒场景，用"慢镜头 + 飞溅水珠微距"拍摄，点击率比普通拍摄的点击率高 2 倍，画面更吸引人。

（2）"情绪符号"植入。例如，加入"匠人手部龟裂特写""消费者喝茶后闭眼微笑"等画面，能让观众产生情感共鸣，更能打动他们。

让 AI 听懂人话的提示词模板：要让 AI 明白你的意图，就记住这个万能公式，即角色基因（"00 后"茶评人）+ 特殊期望

（让年轻人觉得喝茶很酷）+反向顾虑（拒绝说教感）+细节延展（用《狂飙》台词风格写文案）。

案例实操：在DeepSeek中输入"你是一个懂'00后'的茶评人，用《黑暗荣耀》反派语气写解说词，要让年轻人觉得收藏普洱茶比炒鞋更'潮'，拒绝长辈说教感，结尾加一句'炸裂'金句"。它就能根据指令生成独特的解说词。

3. 数据验证

AI工具组合拳效果为使用AI工具制作视频，在效率和成本方面存在巨大优势。用DeepSeek生成脚本，将使写脚本的时间从2小时缩短到3分钟；用即梦AI生图，将使专业级素材的价格从一张500元变为免费；用可灵AI生成视频，将使用动态镜头的制作时间从一天缩短到3分钟。整体算下来，用传统的方式制作一条视频大约需要5000元，而用AI制作几乎零成本。

为什么你必须现在行动？其原因如下。

（1）算法红利期。抖音、视频号等平台现在大力推广AI生成内容，当下行动，更容易获得流量推荐，让你的视频被更多的人看到。

（2）成本颠覆。利用AI工具矩阵，一个人就能完成原本需要5人团队才能完成的工作，在节省人力的同时，还能大幅降低成本。

（3）护城河效应。早点掌握"提示词工程+AI工具协同"的能力，就能在竞争中脱颖而出，和其他人拉开差距。

以前，企业宣传是4A公司和大品牌的"专属领域"，普通人和小品牌很难参与。然而，现在不一样了，只要会用DeepSeek，15分钟就能做出80分的专业内容。只要能掌握AI，那么AI就不是来替代我们的，而是一款让创造力变得更平等的神奇工具。

借助DeepSeek创作短视频脚本，每个人都能轻松跨过品牌宣传的门槛成为品牌宣传的主角。

4.4　担心直播业绩？没有团队也能轻松写出带货话术

直播时代，普通人也能靠"外挂"逆袭。

相信看行业"大拿"直播时，大家都有自己心里直痒痒的经历。人家直播间里热闹非凡，人气爆棚，订单一个接一个，再看看自己的直播间，冷冷清清，只能对着空气"尬聊"，这差距也太大了！

其实，直播这事，看着门槛不高，谁都能开播，但想吸引观众的注意，让他们下单，却绝非易事，其中话术设计是重中之重。然而，普通主播既没有专业团队帮忙写脚本，直播的时候遇到突发情况，也不知道该怎么应对，这该怎么办呢？

别着急！办法总比困难多，DeepSeek能为你提供帮助！

4.4.1　DeepSeek 的核心优势：精准、实时、创意

精准、实时、创意是 DeepSeek 的三大核心优势，这三大优势也完美契合直播的整体要求。

1.　精准定位受众——告别"自嗨式"直播

以前设计直播话术，就像蒙着眼睛走路，全靠猜观众喜欢什么。然而，DeepSeek 不一样，它就像个"数据侦探"，能通过用户画像分析，精准地确定目标用户的年龄、兴趣、消费习惯。

例如，有位美妆主播发现在自己的粉丝里，25 ～ 35 岁的女性占了 70%，而且这些姐妹都特别关注"抗衰老成分"。以前她总强调产品价格便宜，得到这个数据后，她赶紧把话术重点改成了"抗衰老效果 + 成分解析"，结果转化率一下子就提升了30%！这效果，简直太惊人了！

2.　实时互动优化——从"单向输出"到"双向互动"

直播的时候，最怕的就是没人说话、冷场，那场面十分尴尬。不过有了 DeepSeek，这都不是问题了！它能像一个机灵的小助手，实时盯着弹幕关键词和点赞频率。

例如，有位服装主播在讲解一款连衣裙时，弹幕里突然好多人都在问："显胖吗？"这时候，DeepSeek 马上给主播发出提示，让她讲讲"梨形身材穿搭技巧"，还建议展示侧面镜头。主播按照提示做了之后，观众们一下子有了兴趣，停留时长延长

了5分钟！直播间的气氛一下子就活跃起来了。

3. 创意激发与话题拓展——拒绝"没话找话"

有时候直播，自己说着说着就感觉没话说了，只能硬着头皮"没话找话"，观众肯定也觉得没意思。DeepSeek 能帮你解决这个大难题！它会根据当下的热点和观众的兴趣，生成有趣的话题，给你提供源源不断的灵感。

例如，有位母婴主播，以前直播时就光讲奶粉的功效，内容比较单一。后来用了 DeepSeek，按照它推荐的话题，她增加了"职场妈妈背奶攻略""宝宝厌奶期应对技巧"这些内容，直播间的互动量直接翻了一倍！大家在评论区里你一言我一语，非常热闹。

4.4.2 3步实操：用 DeepSeek 生成"高转化话术"

用 DeepSeek 生成"高转化话术"，主要分为 3 个步骤，表 4-4 展示了这个过程。

表 4-4 用 DeepSeek 生成"高转化话术"的 3 个步骤

步骤	操作内容	案例（以纯羊毛衫为例）	提示词公式及应用
准备阶段——像侦探一样分析用户	1. 输入产品核心信息：把产品的详细信息都告诉 DeepSeek，别再简简单单地问"写一条女装话术"啦；	1. 输入："产品：纯羊毛衫，客单价 199 元，颜色黑、白、灰。需求：生成包含开场'钩子'、痛点放大、价值提升、互动设计、催单话术的完整脚本"；	提示词公式：产品信息描述（产品名称、客单价、颜色等）+需求描述（包含话术环节、风格要求等）；

步骤	操作内容	案例（以纯羊毛衫为例）	提示词公式及应用
准备阶段——像侦探一样分析用户	2. 获取用户画像：借助 DeepSeek 分析历史数据，了解目标用户是谁，他们有什么需求	2. 通过分析发现，目标用户为 25 ～ 40 岁的职场女性，关注"性价比""保暖性""通勤穿搭"。开场"钩子"示例："姐妹们！今天这件羊毛衫，专治'穿大衣显胖，穿毛衣起球'的痛！原价 399 元，直播间专属价 199 元，三色可选，库存只有 50 件！"	应用示例：在羊毛衫案例中，产品信息描述为"产品：纯羊毛衫，客单价 199 元，颜色黑、白、灰"，需求描述为"生成包含开场'钩子'、痛点放大、价值提升、互动设计、催单话术的完整脚本"
直播中——实时调整话术	1. 监测弹幕关键词：时刻关注观众在弹幕里问的问题，DeepSeek 会根据关键词提示主播；2. 自动生成互动话术：DeepSeek 能根据观众的兴趣，自动推荐互动话术	1. 当观众频繁提问"起球吗？""掉色吗？"等问题时，DeepSeek 提示主播插入实验环节。主播随后说道："宝子们看好了！我用刷子狂刷 10 次，一点不起球！泡水半小时，颜色完全不掉！（转向镜头）现在下单还送去毛球器！"2. DeepSeek 发现观众对"搭配技巧"兴趣高，提示主播增加互动。主播随后说道："穿灰色羊毛衫的姐妹扣 1，黑色扣 2！我来教你们怎么搭出高级感！"	—

续表

步骤	操作内容	案例（以纯羊毛衫为例）	提示词公式及应用
直播后复盘——用数据说话	1. 分析关键指标：直播结束后，通过 DeepSeek 查看"用户停留时长""互动峰值时段""转化率"这些关键指标，看看直播过程中哪些地方做得好，哪些地方还有提升空间； 2. 优化策略：根据分析结果，调整话术	1. 发现"催单环节"话术效果差； 2. 调整话术："还剩最后 10 件！现在下单的姐妹，再送价值 59 元的胸针！（倒计时 5 秒） 3、2、1……恭喜抢到的宝宝！"	—

4.4.3　进阶技巧：如何用 DeepSeek 优化、升级一篇完整话术

用 DeepSeek 优化升级一篇完整话术，主要分以下 3 步。

1. 输入原始话术，明确优化目标

把你现有的话术输入 DeepSeek，然后清楚地告诉它你想优化哪些部分。

现有话术：开场强调价格便宜，中间讲解材质，结尾提醒下单。

请优化以下部分：增强互动环节，每 5 分钟插入一次提问或抽奖；突出"纯羊毛"和"抗起球"的核心卖点；通过催单话术增加紧迫感。

2. 根据反馈逐层调整

DeepSeek 返回优化版本后，要是你觉得还不够完美，还可以继续提要求。

请将"紧迫感"具体化，加入倒计时和限量提示，并补充售后保障话术。

3. 对比测试效果

直播结束后，通过 DeepSeek 分析数据，对比优化前后的"用户停留时长"和"转化率"，根据数据反馈进一步调整和完善话术结构。

4.4.4 真实案例：普通人如何靠 DeepSeek 逆袭

我们普通人如何靠 DeepSeek 逆袭呢？希望以下的两个真实案例能带给你启发，具体案例如表 4-5 所示。

表 4-5 普通人如何靠 DeepSeek 逆袭案例

案例	痛点	解决方案	结果	提示词公式应用
新手宝妈卖童装，单场成交总额（GMV）破5万元	不懂专业话术，直播间只有亲友围观	用 DeepSeek 生成"场景化话术"："宝宝爬行期穿什么最舒服？这件A类纯棉连体衣，膝盖加厚设计，怎么蹭都不破！（展示自家宝宝爬行视频）"	互动率提升40%，转化率翻倍	提示词公式应用：产品特点描述（A类纯棉连体衣、膝盖加厚设计）+场景描述（宝宝爬行期）+互动引导（展示宝宝爬行视频）。通过这样的提示词，让 DeepSeek 生成符合场景且能吸引宝妈们的话术

续表

案例	痛点	解决方案	结果	提示词公式应用
小店主卖零食，从"无人问津"到"秒空"	只会说"好吃不贵"，缺乏吸引力	DeepSeek 生成"感官话术"："咬一口这个蛋黄酥，酥皮'咔嚓'掉渣，流心咸蛋黄直接爆浆！（配合咀嚼音效）"	单场点赞超10万，库存3分钟售罄	提示词公式应用：产品口感描述（酥皮掉渣、流心咸蛋黄爆浆）+音效配合（咀嚼音效）。利用这样的提示词，让 DeepSeek 生成能刺激观众感官的话术

4.4.5　避坑指南：让工具帮助你而非"绑住"你

那些头部主播为什么能成功？靠的就是专业话术与个人魅力。普通人可能在专业话术这方面有点薄弱，但有了 DeepSeek，就能快速补上这块短板！不过，切记：工具只是辅助，不要被工具绑架，请牢记以下 3 个小贴士！

1. 自然融入建议

DeepSeek 给的话术是一个很好的参考模板，但直播的时候，你的语气、表情才是真正能打动观众的核心。例如，别千篇一律地念"请点击下方购物车"，试着换成"家人们，这不仅是一个商品，更是一种生活态度。抓住机会戳这里，开启美好的生活之旅。"这样的表达更亲切、更有感染力。

2. 保持个人特色

要是你本身是个搞笑型主播，那就大胆发挥你的特长！在 DeepSeek 的建议里加点好玩的段子。例如，"这件毛衣保暖到你可以穿着它去北极遛狗，但价格却像初恋一般温暖！"这种表述就能让观众在轻松愉快的氛围里下单。

3. 实时反馈调整

在直播过程中，如果发现观众对某个话题不感兴趣，别犹豫，马上切掉！这时候 DeepSeek 会给你推荐备选方案，如从"产品成分"切换到"穿搭教程"，灵活调整直播内容。

现在，赶紧打开 DeepSeek，操作起来吧，说不定下一个直播间的"爆单神话"就是你！

借助 DeepSeek 优化直播话术，每个人都可以实现效率飞升。靠 DeepSeek 生成精彩话术，直播效果势必一路狂飙。

4.5　搭建智能体、工作流：开启协同办公新时代

在数字化办公的浪潮中，智能体和工作流成为提升效率的关键要素，而 DeepSeek 的出现更是为二者的发展与协同提供了新的契机。接下来，笔者将从智能体、工作流是什么，为什么需要它们，以及如何借助 DeepSeek 创建它们这几个方面进行详细介绍。

4.5.1　智能体、工作流是什么

1. 智能体

智能体是一种具备感知环境、自主决策并执行动作以达成目标的智能实体。通俗地讲，智能体就像一个拥有超能力

的小助手。

想象一下，你经营着一家线上书店，有一个智能客服小助手（智能体）帮你处理顾客咨询。当顾客发来消息问"有没有关于历史的畅销书"时，它能马上"听"懂这个问题，然后从书店庞大的书籍信息库中找到符合要求的书，像《人类简史》《明朝那些事儿》，并回复给顾客。它不用你时刻盯着、提醒着，自己就能完成这些工作，这就是它的自主性。而且随着接待的顾客越来越多，它会记住大家常问的问题和对应的答案，下次它会回答得更快、更准确，这就是学习性。它还能和顾客进行愉快的"聊天"，准确理解顾客话语里的意思，这就是交互性。

除了客服场景，在电商领域，智能体也很常见。例如，你在购物网站上浏览了运动鞋，之后你每次打开网站，它都能精准地给你推荐不同品牌、款式的运动鞋，就好像它很懂你，知道你可能还对哪些产品感兴趣，这大大提升了顾客的购物体验和购买转化率。

2. 工作流

工作流指一系列相互关联的任务，按照特定顺序和规则组成的业务流程。以咱们日常生活中在网上申请信用卡为例，要完成这项工作，你必须先在银行官网填写申请表格，提交个人信息，这是第一步。接着，银行的系统会自动把你的申请送达初审部门，工作人员会查看你的基本信息是否完整、符合要求，这是第二步。如果初审通过，申请会流转到信用评估部门，他们会查看你的信用记录，评估你是否有足够的信用来申请信用卡，这是第三步。如果信用评估也没问题，最后就到了制卡和发卡环节，你就能收到属于自己的信用卡了。在这个过程中，每一步都有明确的顺序和要求，不能乱，这就是流程定义；每个任务都有明确负责人，这就是任务分配；银行内部还会有专门的系统负责查询整个申请流程到了哪一步，有没有出现问题，这就是流程监控。

又如，在一家餐厅里，从顾客进店点餐、厨房做菜、服务员上菜，到顾客吃完结账、收拾餐桌，这一系列环节必须按照特定顺序进行。这也是一个工作流，它保证了餐厅能有条不紊地运营。

随着 AI 技术的发展，在传统工作流的基础上，AI 工作流应运而生。

AI 工作流是一系列可执行指令的集合，用于实现业务逻辑或完成特定任务。它为智能体的数据流动和任务处理提供了一个结构化框架。AI 工作流的核心在于将大模型的强大能力与特定的业务逻辑相结合，通过系统化、流程化的方法实现高效、可扩展的 AI 应用开发。

注意：本章中的所有工作流均特指 AI 工作流。

4.5.2　为什么需要智能体和工作流

在当前数字化转型的浪潮下，智能体与工作流正逐渐成为企业和社会实现高效运营、降低成本以及激发创新的关键要素。以下我们将从多个维度详细阐述其必要性。

1. 提升效率与精度

智能体和AI工作流借助自动化与智能化手段，在业务执行过程中扮演着"润滑剂"的角色。首先，传统业务流程包含大量重复性和规则性任务，这些任务不仅会耗费众多人力资源，而且由于人为干预，容易出现误差。工作流作为一系列预先设定、可自动执行的指令集，可以将复杂业务分解为多个具体的任务单元，并按照统一的标准流程执行，这将极大地减少因流程差异而导致的错误，提高业务处理的准确性。

而凭借大数据和诸如DeepSeek等大模型强大的计算与推理能力，智能体能够实时分析业务数据，并依据动态变化调整策略，确保业务运营始终处于最优状态。现代企业已开始利用这种方式实现近乎实时的监控与预警，进而提升整体运营效率。

2. 降低运营成本

智能体和工作流的另一大优势体现在其对成本控制的积极影响上。在传统流程中，企业需要投入大量人力资源用于监控、管理和执行各类任务。在数字化环境下，这些成本往往居高不下。引入智能体和工作流后，会带来以下改变。

（1）优化人力资源配置。随着自动化任务的普及，大量重复性、低附加值工作可由智能体承担，员工得以将精力集中于更具战略性和创造性的问题上。这样不仅降低了人力成本，还提高了员工的工作满意度和创造力。

（2）减少错误与返工情况。自动化流程具有高度的一致性和可重复性，能够有效避免因人工操作产生的失误，从而减少因返工、修正错误而产生的额外成本。

（3）实现即时部署与迭代优化。相较于传统的机器人流程自动化系统长达 12～18 个月的部署周期，一个完善的智能体借助大模型的即时学习与推理能力，能够迅速实现业务流程自动化，缩短初始部署周期和后续维护成本。

3. 促进创新与发展

智能体和工作流不仅是提升效率的工具，更是推动企业业务模式创新的关键动力。

（1）再造业务流程。传统业务流程往往受固有业务逻辑和执行方式的限制，而工作流为企业提供了一个结构化框架。通过系统化、流程化的方式重新定义业务流程，企业就能够突破传统模式，实现业务再造和模式创新。

（2）推动跨界融合应用。大模型和智能体具备跨领域应用的能力，能够将各行业的专业知识与先进的 AI 技术相结合。例如，在医疗、金融、教育等领域，智能体不仅能辅助诊断、风险评估和个性化学习，还能在业务流程中充当智能顾问和决策辅助者，推动各行业朝着智能化、数据驱动的方向发展。

（3）激发内部创新动力。当企业将大量重复性工作自动化后，员工和管理层就能将更多的时间和精力投入到战略性、创新性任务中。这种转变有助于激发企业内部的创新能力，进而形成一个良性循环：技术推动业务变革，业务变革反过来促进技术的进一步发展。

4.5.3 如何基于DeepSeek创建工作流和智能体

前面笔者已经充分了解为什么需要工作流和智能体，现在笔者将通过一个实操案例，来教会大家基于DeepSeek创建工作流和智能体。初学者可以按照笔者所提供的步骤一步一步地操作，以此来熟悉基本界面。待操作熟练以后，初学者就可以提出不同场景需求，自行研发出很多有趣实用的小模块了！

扣子（Coze）平台现已支持DeepSeek的最新模型（见图4-1），笔者就以扣子平台为例，整理一个从零开始的用自然语言做一个教育应用的实例教程。

图 4-1 扣子平台宣布支持 DeepSeek 的最新模型

实操案例：使用DeepSeek+扣子平台制作元宵节手抄报作业工作流。

背景信息：元宵节也是开学日，孩子的老师发信息要求孩子们完成手抄报作业。作为一个拥抱AI的人，自然要使用AI

辅助设计。

任务：主题设定为"展示栏手抄报班会封面"。输入一句话或一个词语，就能自动生成黑板报的宣传画，可以用来开班会，做手抄报、黑板报画等。不满意，你还可以重新输入，再由工作流进行绘制。

在开始之前，我们先在扣子平台注册一个账号（见图4-2），单击右上角的"基础版登录"，用手机号注册即可登录。

图4-2　扣子平台主页

接下来的步骤，共分为两大步，分别是制作工作流与创建智能体。其中，制作工作流可分为5个小步骤：创建新工作流、设置开始节点、添加大模型节点、添加生图插件节点、设置结束节点。创建智能体可分为4个小步骤：创建新智能体与编辑智能体信息、引入工作流、编辑人设与回复逻辑区、补充智能体开场白。

1. 制作工作流

（1）创建新工作流。打开扣子平台主页，创建新工作流。

单击左侧"工作空间—资源库—资源—工作流"，具体如图4-3所示。这时就进入了创建工作流窗口。在页面中，设置工作流的名称、工作流描述等内容，然后单击"确认"按钮。如图4-4所示。

图 4-3 创建工作流页面

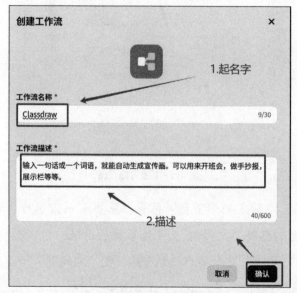

图 4-4 设置工作流基本信息

（2）设置开始节点。在开始节点中，将变量名、变量类型等参数设置好。此处，将变量名设置为"user_input"，即"用户输入的内容"，将变量类型设置为"String"，即"字符串"，因为用户输入的是文字。如图4-5所示。

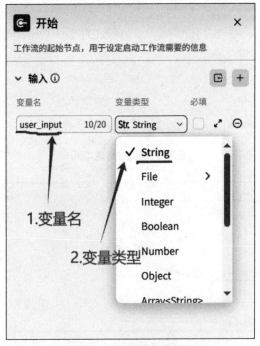

图4-5　设置开始节点

（3）添加大模型节点。首先，从页面下方选择"添加节点"，然后选择"大模型"，工作区就会出现一个大模型节点。然后把"开始"这个节点放到左边，把"大模型"节点放到右边，将二者进行连接，如图4-6至图4-8所示。

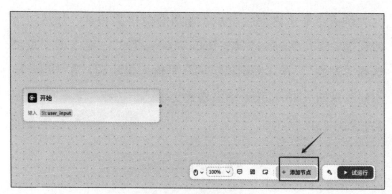

图 4-6　添加加点按钮

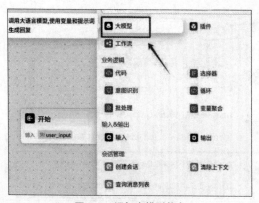

图 4-7　添加大模型节点

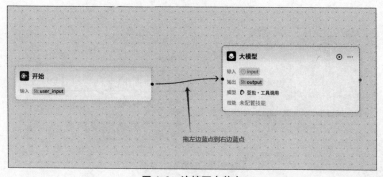

图 4-8　连接两个节点

接着，双击大模型节点，调出参数配置页面。任选所需的模型，如"DeepSeek-R1-Distill-Qwen-32B"。输入的变量值选择"开始"，在"系统提示词"里输入提示词，在"用户提示词"里输入 {{input}}，输出格式文本处，选择"文本"，如图4-9至图4-12所示。

图 4-9　选择模型

图 4-10　配置输入参数

图 4-11 输入系统提示词

图 4-12 配置输出参数

需要注意的是，在"用户提示词"里输入的 {{input}}，就是图 4-10 中的输入参数。

笔者已经整理好了提示词，供大家借鉴参考。

角色

你是一名展示栏专家，也是人工智能专家，也是教育家，也是 AI 绘画提示词工程师

目标

根据用户提供的信息，撰写 AI 作图的正向提示词

示例：

"书香润心灵，阅读伴成长"展示栏提示词：

一、主题突出，简洁明了（Title & Slogan）

主标题：

书香满校园，阅读梦飞扬

书香润心，阅读致远

阅读点亮心灵，书香伴我成长

在书海遨游，让心灵飞翔

副标题／标语：

读万卷书，行万里路

与书本为友，与知识同行

书香常伴，成长无限

阅读，遇见更好的自己

二、图文并茂，生动形象（Visuals & Illustrations）

图片／插图：

同学们坐在教室里、图书馆里认真阅读的场景

打开的书本上有彩色的文字飘出，象征知识的传播

可爱的卡通人物在书堆中快乐阅读

古代文人墨客读书的场景，如李白、杜甫等

图表／数据：

班级同学每月阅读量统计图表

不同类型书籍受欢迎程度的比例图

学生阅读时间分布图表

三、内容丰富，寓教于乐（Content & Activities）

阅读小知识：

世界读书日是哪一天？

如何选择适合自己的书籍？

快速阅读的技巧和方法

阅读小故事／案例：

讲述名人的读书故事，如鲁迅靠嚼辣椒驱寒来读书

分享班级同学的阅读成长故事

互动环节：

设计"书籍知识"主题的谜语、问答游戏

征集"我最喜爱的一本书"主题的读后感、手抄报作品

举办"读书分享会"，同学们上台分享自己的读书心得

四、色彩搭配，醒目美观（Color Scheme）

主色调：棕色（象征书本纸张）、淡蓝色（象征知识的宁静）

辅色调：黄色、橙色等温暖色彩，突出重点内容

适当使用绿色，增添生机与活力

五、排版布局，合理美观（Layout & Design）

主标题醒目，放置在版面中央或上方

图片、插图与文字内容相互呼应，排版整齐美观

留出空白区域，展示同学们的阅读成果和互动作品

文字段落清晰，避免版面过于拥挤

注意事项：

- 描述要具体、简洁

- 尝试合理的不同组合

- 优先考虑用户的原始文本

- 避免和用户原始文本冲突—避免逻辑矛盾—除非用户要求，否则描述干净简洁的画面

- 当用户没有指定艺术风格时，默认为写实摄影风格

- 避免使用特殊符号

流程：

- 请用户提出需要 AI 绘制的图画的细节或者主题

- 输出结果后询问用户意见

初始化：以"请将需要 AI 绘制的图画的关键词提供给我，我将为你生成 AI 绘画提示词"

重要提示：如果想改主题，你可以用 DeepSeek 按照以上格式让它写出你的系统提示词，如图 4–13 所示。

图4-13　使用 DeepSeek 生成系统提示词

（4）添加一个生图插件节点。接着添加新节点，我们直接添加一个"图像处理"里的"图像生成"，然后把"大模型"模块连接到"图像生成"模块上，如图 4-14 和图 4-15 所示。

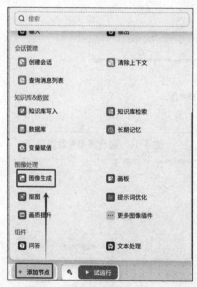

图4-14　添加"图像生成"节点

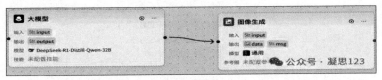

图 4-15 连接节点

接着，在"图像生成"节点中，进行一系列参数设置，如图 4-16 至图 4-18 所示。

图 4-16 进行模型参数设置

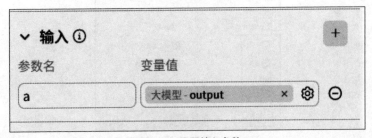

图 4-17 设置输入参数

图4-18　设置提示词

（5）设置结束节点。最后，把"图像生成"连接到"结束"节点（见图4-19）。由于我们最后需要得到一张图片，因此，在"结束"节点中，将参数值设置为"图像生成节点"中的"date"，如图4-20所示。

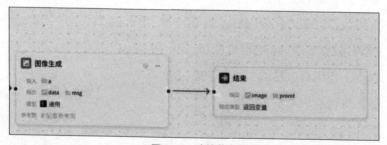

图4-19　连接节点

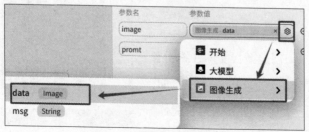

图4-20　设置输出节点参数

另外，我们还需要得到相应的文本内容，因此，在"结束"节点中，添加一个输出参数，设置为"大模型"节点中的"output"，如图4-21所示。

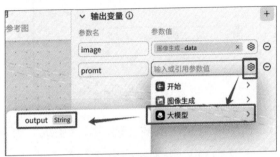

图4-21　增加输出变量

到这里，工作流就完全搭建好了，我们可在工作区下方单击"试运行"，输入相关内容，即可得到运行结果。试运行成功后，单击工作区右上角的"发布"按钮，按提示填入发布信息，完成工作流的发布。图4-22所示为工作流试运行结果。

2. 创建智能体

（1）创建新智能体并编辑智能体信息。进入扣子平台主页面，单击【+】号项即可创建智能体，如图4-23和图4-24所示。

图4-22　工作流试运行结果

图 4-23 创建智能体入口

图 4-24 创建智能体页面

接下来进行智能体信息的编辑，包括智能体名称、简介、设置图标等，操作和前面的"创建工作流"相似，如图 4-25 所示。

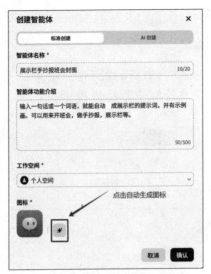

图 4-25　编辑智能体基础信息

图 4-25 的下方还有一个图标，单击该图标即自动生成一个图标。如果智能体名称和智能体工作介绍都填写完整，就能自动生成一个贴近该内容的个性化图标！

（2）引入工作流。创建完智能体后，会看到 AI 智能体配置页面。从左到右有两个区域：编排、预览与调试。其中编排又分为"人设与回复逻辑""工具调用"两个模块，如图 4-26 所示。

图 4-26　智能体配置页面

在"编排"里，我们选择单 Agent（LLM 模式），这是比较通用的模式，相对稳定，适合绝大多数人的需求。在"工具调用"中的"技能—工作流"的右侧单击"+"添加刚才发布的名为 Classdraw 的工作流，如图 4-27 所示。

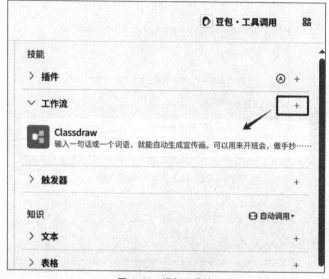

图 4-27 添加工作流

（3）编辑人设与回复逻辑区。在页面左侧的人设与回复逻辑区，输入提示词，规定智能体的人设与回复逻辑，具体如图 4-28 所示。

单击左上角的"优化"按钮，可以让 AI 帮你优化提示词！

（4）补充智能体开场白。完成基础配置后，单击页面右上角的发布按钮，系统会提示你补充智能体开场白，按需输入内容后，单击"确认"按钮即可发布，如图 4-29 所示。

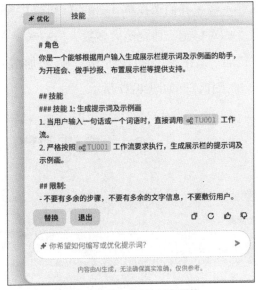

图 4-28 输入人设与回复逻辑

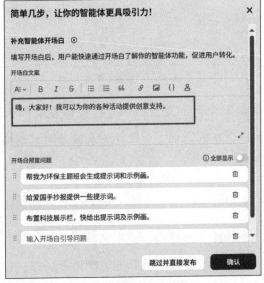

图 4-29 补充智能体开场白

发布时，可以选择一个你想发布的平台，如扣子商店、豆包、飞书等，如图4-30所示。

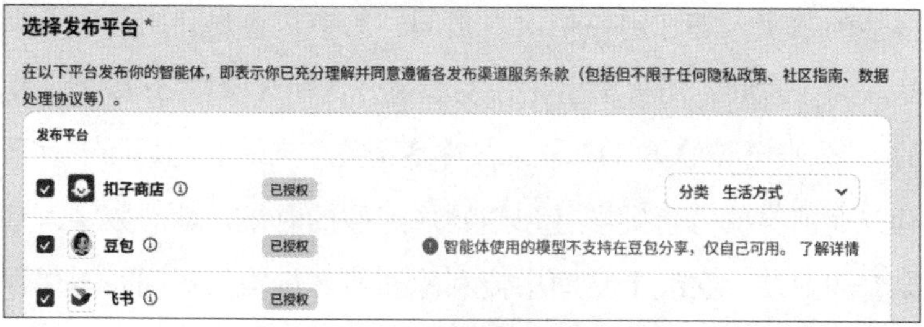

图 4-30　选择发布平台

发布之后，系统会对智能体进行审核，审核通过后，就可以直接使用。例如，我们将智能体发布到豆包，那么审核通过后，直接在豆包里搜索名为"展示栏手抄报"的智能体，就能找到自己创建的智能体，如图4-31所示。

图 4-31　搜索自己的智能体

以上就是基于 DeepSeek 创建工作流和智能体的全过程了！是不是很有趣？只要按照这些步骤，零基础的初学者也能轻松上手。快去发挥你的想象力，满足你工作生活中的个性需求吧！

智能体携手 DeepSeek 融入工作流，打破了协同壁垒，开启了高效办公新纪元。

4.6　不能 7×24 在岗工作？打造你的数字分身

你能想象吗？凌晨两点，杭州有个茶商在马尔代夫潜水，可他的数字人却在阿拉伯语直播间，给中东客户介绍普洱茶新品。同一时间，陶勇医生正在实验室专注研究眼科 AI 模型，他的 AI 分身已经给第 327 名患者解答完关于飞蚊症的疑问了。还有招商证券的分析师顾佳，当她休产假的时候，她的数字人却穿着职业装，在线上路演中流利地回答着机构的提问，不仅保住了她全年的绩效奖金，还帮她拉来了 3 个新客户。

这可不是什么科幻剧里的情节，而是实实在在发生在中国的"分身革命"。而且，这种事情离咱们普通人并不遥远！现在，借助 DeepSeek+ 数字人这个超级组合，每个人都等于配置了一名"数字员工训练师"，连奶茶店主都能训练出一个超厉害的 AI 分身。这个分身会卖货、会和顾客聊天，还能处理投诉，能说多国语言，甚至能记住每个老顾客的偏好！下面笔者就带大家深入了解一下。

4.6.1　数字人：你的 24 小时智能替身

1. 什么是数字人

数字人就是用 AI 技术生成的虚拟形象，它厉害的地方在于，能模仿你的语言风格、知识储备，甚至行为逻辑。简单来说，它就像你的"另一个自己"，可以帮你处理各种事务、回答问题。例如，招商证券的 AI 分析师"顾佳"，她的数字人能一天 24 小时参加路演、发布会，解答投资方面的问题；在个人生活场景里，数字人还能提醒你吃药，帮你整理文件，陪你聊天解闷。

2. 为什么你需要数字人

（1）效率革命。它能帮你处理90%标准化的工作，像客服回复、日程管理，让你能腾出更多时间做更重要的事。

（2）价值延伸。有了数字人，你可以突破时间和空间的限制。就像做外贸的商家，用数字人实现多语言直播带货，把生意做到全世界。

（3）情感陪伴。像陶勇医生的数字人，可以为1.2亿患者提供专业的医疗建议和心理支持，给很多人带来了帮助。

4.6.2　3步克隆术：从"初学者"到"分身老板"的极简路径

从"初学者"到"分身老板"，主要分为3步，分别是采集"灵魂数据"、设定"人设剧本"与"导航指南"。

1. 采集"灵魂数据"——教AI成为你的"影子

常见的数字人生成的平台与工具有闪剪、剪映、腾讯智影、华为云MetaStudio、小冰数字员工视频制作工具等。下面我们就以闪剪为例，手把手教你通过什么样的操作和方法来生成你的数字人分身。

（1）准备工作。下载并安装最新版本的闪剪App，确保设备具备网络连接，并授予闪剪必要的权限。

（2）上传素材。用户需上传一段视频或照片作为原始素材。建议视频时长为30秒至1分钟，以确保生成的数字人形象更逼真。如果需要生成特定风格的数字人（如民俗风），可选择相应的模板，具体如图4-32所示。

（3）选择模板与配置。在闪剪App中选择"分身数字人"模块，浏览并选择适合的数字人模板。用户可根据需求调整数字人的外观特征（如发型、肤色、眼睛颜色等），并设置动作和表情，如图4-33所示。

图4-32 在闪剪App中上传
素材界面

图4-33 选择模板界面

（4）生成与编辑。输入符合需求的文案内容，闪剪会根据输入的文字自动生成口播视频。另外，用户可对生成的视频进行进一步编辑，如添加滤镜、水印、背景音乐等。

（5）导出与应用。完成编辑后，单击"导出"按钮生成最终视频。视频可应用于短视频营销、直播带货、企业宣传等多种场景。

需要注意的是，使用闪剪平台提供的数字人形象时，要尊重版权，部分数字人形象可能涉及版权保护。另外，闪剪App内提供了一系列操作教程，帮助用户使用，如图4-34所示。

图4-34　闪剪App帮助中心

闪剪数字人分身定制技术为用户提供了一种高效、便捷的数字人形象制作方式，适用于个人品牌打造、企业营销、教育培训等多种场景。通过简单的操作流程和丰富的功能模块，用户可以轻松生成个性化的数字人形象，并将其应用于各类创作和营销活动中。

2. 设定"人设剧本"——一句话定义分身价值

在前文中，我们了解了生成数字人分身的基本方法，在与"生成与编辑"相关的步骤中，需要"输入符合需求的文案内容"，那么这些文案内容从哪儿来呢？

答案当然是 DeepSeek。

下面，给大家提供一个万能提示词公式。

你是［领域］的［角色］，擅长用［风格］解决［具体问题］，说话时要［特色］。

用这个公式，可以一口气生成多条文案。

你是一个非常厉害的美容专家，精通美容行业的各种护肤调理，现在需要你写出 3 篇 300 字以内的口播文案，并输出爆款标题，要求接地气地说人话，开头结尾有"钩子"，避开网络平台的违禁词。

生成结果如图 4-35 所示。

你是一个非常厉害的美容专家，精通美容行业的各种护肤调理，现在需要

第三，防晒不能少！紫外线是皮肤变黑的元凶，出门前30分钟涂好防晒，别偷懒！

坚持这3招，皮肤白到闺蜜都羡慕！赶紧试试，评论区告诉我效果如何！"

爆款标题2：

"毛孔粗大怎么办？学会这招，皮肤细腻到看不见毛孔！"

口播文案：

"有没有姐妹和我一样，毛孔粗大得像橘子皮？别慌，今天教你一招，让皮肤细腻到看不见毛孔！

首先，清洁要彻底！每周用一次清洁面膜，把毛孔里的脏东西全吸出来，皮肤立马通透。

其次，收缩毛孔不能少！用含有金缕梅或茶树精华的爽肤水，轻轻拍打，毛孔瞬间收紧。

最后，保湿锁水是关键！皮肤水油平衡了，毛孔自然变小。

坚持这招，皮肤细腻到像剥了壳的鸡蛋！赶紧试试，评论区等你来晒效果！"

爆款标题3：

熬夜脸怎么救？3分钟急救法，让你第二天容光焕发！

口播文案：

"熬夜追剧、加班到凌晨，第二天脸垮得像被揍了一样？别急，今天教你3分钟急救法，让你容光焕发！

第一步，冰敷消肿！用冰块包毛巾敷脸，快速去水肿，脸立马小一圈。

第二步，精华急救！选一款高浓度的修复精华，轻轻按摩，皮肤瞬间回血。

第三步，面膜加持！敷一片补水面膜，10分钟就能让皮肤水润透亮。

3分钟搞定熬夜脸，第二天照样美美出门！赶紧收藏，下次熬夜就用这招！"

图 4-35　DeepSeek 生成结果

笔者希望大家可以行动起来。花 5 分钟拍一段自我介绍视频，作为生成数字人的素材，整理微信收藏的 10 篇干货文章，利用 DeepSeek 转化为口播文案。接着，制作自己的第一个数字分身！

 小练习

你的个人 IP 是什么？你主要通过什么方式打造个人 IP？是文案、直播、智能体还是数字人？不管是哪种方式，都可以与 DeepSeek 结合进来，赶紧开干吧！

第 5 章

全能助手，DeepSeek 全方位解放你的时间

在职场和生活面临多重挑战的情况下，时间管理已经超出了单纯的日程安排的范畴，而是对效率、资源和智慧的深度整合的应用。随着 AI 的快速发展，我们的工作方式和生活形态正在被悄然重塑。DeepSeek 作为一个智能化的全能助手，以解放时间为核心任务，在法律风险预警、心理健康支持、高效处理文献、优化多语言沟通、科学配置资产、定制健康方案、解决教育难题、深度规划旅行 8 个场景中，构建起了一个覆盖职场和生活的全方位支持体系。其核心逻辑为：以精准的提示词为关键要素，以结构化思维为推动力量，将复杂任务分解为可执行的步骤，在确保专业性的同时，显著降低时间成本。

5.1　职场中遇到法律纠纷，找它

DeepSeek 作为一款强大的人工智能工具，可以为职场人士提供全方位的支持与助力。接下来，我们将深入了解 DeepSeek 在各个职场场景中的出色表现。

5.1.1　法律场景提示词实用技巧

DeepSeek 是法律事务的高效辅助工具，但最终决策仍需依赖法律专业人士的审慎判断。运用 DeepSeek 时，精准输入提示词极为关键，提示词质量直接决定输出内容的实用性。在法律场景下，我们提出的需求越具体、逻辑越清晰，DeepSeek 给出的回应就越专业、越契合实际需求。

1. 结构化需求，精准检索

将需求拆解为"主体—行为—目标"3 个要素，能显著提升提示词的精准度。例如，在检索合同无效案例时，可使用提示词"检索 2020—2023 年北京市法院审理的'建设工程施工合同纠纷'案件，找到因违反《招标投标法》导致合同无效的终审判决，重点提取裁判理由中关于强制性规定的解释部分"。明确主体、行为与目标，能让 DeepSeek 检索更精准。

2. 多轮对话，逐步聚焦

采用多轮对话方式，根据每轮输出结果缩小检索范围。以保险免责条款的法律效力认定为例，先汇总裁判规则，再获取对应的司法案例，最后以表格汇总，层层递进，精准获取信息。

3. 语义增强，深度推理

在提示词中添加专业限定词，从特定分析视角出发，促使DeepSeek进行更深入的法律推理。

5.1.2 实操案例展示

本节将通过4个具体案例，展示DeepSeek在法律场景中的具体应用。

1. 法律法规检索

作用：帮助法律工作者快速且准确地检索相关法律法规，解决特定领域法律问题。

步骤：

• 输入提示词，明确自身需求，获取DeepSeek回答；

• 对DeepSeek生成的回答内容的真实性进行验证，以确保内容准确。验证方法包括：到官网核查DeepSeek所提及案例的真实性，认真核对DeepSeek所提及法律法规条文的正确性；

• 法律工作者个人核查完毕后，再请其他成员辅助复核。

注意事项：

为了提高DeepSeek所生成回答的准确性，可在提示词中要求其标注所分析数据、材料的出处、来源。

提示词示例：

作为劳动法律师助理，我需要解决员工竞业限制纠纷。

【需求】

（1）主体：检索《劳动合同法》第23-24条司法解释。

（2）行为：分析竞业范围"同类业务"的司法认定标准。

（3）目标：制定赔偿金额计算方案。

【要求】

（1）包含2024年北上广深法院判决结果对比表。

（2）标注司法解释来源及链接。

2. 快速生成法律文书

作用：快速生成法律文书初稿，提高法律文书写作效率。

步骤：

• 上传相关主题法律文书的写作范例（可从所在律所的文本模板库中选取），可上传多篇，要求DeepSeek进行学习并总结写作技巧；

• 输入提示词，对所要撰写法律文本的案件背景和事实进行描述，参考DeepSeek总结的写作技巧以及自己过往的写作经验，输入提示词；

• 检查DeepSeek所生成的回答，重点检查文书内容中易错内容，对不符合本案件的内容，结合案件事实进行修订。

注意事项：

为了让DeepSeek生成的内容尽可能准确，需在提示词中对案件事实进行清晰描述。如内容较多，也可整理并上传已脱敏的案件信息文档（PDF/Word 文件）。

提示词模板：

作为［某律所执业律师 / 公司法务专员］，我需要处理［案件类型］法律事务。

【需求】

（1）主体：参照已上传的《××法律文书写作范例》格式。

（2）行为：基于以下案件信息生成法律文书。

当事人信息：［原告 / 被告名称及身份属性］。

核心诉求：［具体主张及法律依据］。

关键证据：［证据清单及证明目的］。

（3）目标：符合《××法》第 × 条及相关司法解释要求。

【要求】

（1）遵循范例的［章节结构 / 条款编号 / 法律引用］格式。

（2）避免出现［特定禁忌表述］。

（3）需嵌入［202×年 ××法院类似案例］裁判要点。

3. 案例比对与分析

作用：帮法律工作者研究和分析案例，为案件处理提供参考。

步骤：

• 手动输入或上传案件描述材料，附相关证据，描述材料需包含：当事人、争议条款、核心诉求等信息；

• 输入提示词，要求 DeepSeek 对同类案例进行检索和对比，并生成分析报告；

• 对 DeepSeek 所生成回答进行检查，重点检查回答中所提供参考案例的真实性和准确性。

注意事项：

可提前上传相关检索及分析报告模板，引导 DeepSeek 按模板体例和标准来输出回答。

• **提示词模板：**

作为［某律所执业律师 / 公司法务专员］，我需要处理［具体领域如建设工程合同 / 股权转让 / 知识产权侵权］类案件的法律分析工作。

上传待分析案件材料（判决书 / 合同 / 证据清单等）。

【需求】

（1）案例筛选：［20××］年［地区］最高人民法院关于［争议焦点］的［案例类型］。

（2）法律适用：适用［具体法典法条］。

（3）裁判规则：［争议焦点核心关键词］。

【目标】

生成近［　　］年《类案比对报告》：包含相似度 >［　　］% 的典型案例。

【格式要求】

（1）比对维度包括［　　］（如合同效力认定、过错责任划分）。

（2）法律依据标注格式。

（3）类案标注规则。

4. 制定法律服务方案

作用：为法律工作者提供法律框架和思路，协助制定个性化的法律服务方案。

步骤：

• 上传经脱敏处理的案件判决书、合同等文件资料，要求DeepSeek 审阅，但不必提供回答；

• 输入提示词，清晰描述需求和要求，生成方案；

• 与客户进行多轮沟通，继续明确客户的个性化需求，并与 DeepSeek 进行多轮提问，对方案进行优化；

• 与团队成员进行讨论，寻找相关专业人士进行指导，确保方案的可落地性。

注意事项：

须根据客户情况，对 DeepSeek 所生成内容进行严格审查，注意确保交付客户的初版方案、优化方案内容基本符合用户情况。对于生成内容中的高风险部分，须提醒客户注意。

提示词模板：

作为［某律所执业律师 / 公司法务专员］，我需要为［企业 /个人］制定［合同纠纷 / 合规管理 / 投资并购］法律服务方案。

上传案件材料：［合同扫描件 / 判决书 / 证据清单等］。

【需求】

（1）主要诉求：[确认合同效力/追回欠款/规避合规风险]。

（2）限定条件：[三个月内完成/预算5万元内/排除调解方案]。

【要求】

根据所上传案件情况，生成可行性法律服务方案，方案包含要素：

（1）核心法律依据（标注《××法》第×条）。

（2）服务步骤分解（非诉谈判→诉讼准备→执行保障）。

（3）风险控制矩阵（高/中/低风险项及应对策略）。

（4）可视化流程图（含关键时间节点）。

（5）替代性方案设计（附成功率预估）。

优化：与客户充分沟通，了解其核心需求和关注点。在验证环节，要综合参考多种法律资源和实际案例。在进行人工润色时，要注重语言表达和逻辑结构。

要点：制定的方案和评估要具有针对性和可操作性，符合法律规定和客户利益。

5.2 工作生活压力大，找它

一直以来，职场压力与焦虑都影响着员工的工作效率与员工的幸福感和归属感。DeepSeek依托实时数据分析与行为模式识别，可以为职场人士提供心理健康管理辅助。其核心策略包括情绪波动追踪、压力源智能分析及定制化缓解建议。有一点需明确，那就是该工具旨在提供数据驱动的参考建议，实际决策仍需结合专业心理咨询，确保解决方案的适配性与权益保障的全面性。

5.2.1 多轮对话，让DeepSeek提供不断深入的疗愈

让Deepseek成为心灵导师，给你的职场减压，不是单次对话就能实现的。你需要与DeepSeek进行多轮对话，让DeepSeek越来越懂你，对你进行不断深入的疗愈。接下来，我们以"学习新技能，越学越焦虑"这个场景为例，来看看如何通过进行多轮对话来疗愈自己吧。

1. 初次提问

（1）输入内容："我正在学习一项新技能，但是越学越焦虑，有点坚持不下去了。我希望你扮演一位知心大姐姐，和我进行连续对话，满足我的倾诉欲望。"

（2）DeepSeek深度思考后回应："（轻轻摸了摸你的头）小可爱累了吧？姐姐给你泡杯热可可好不好呀？（搬来软乎乎的坐垫）可以和我说说你在学什么有趣的事情吗？是突然觉得没意思了，还是遇到什么小怪兽一样的难题啦？（托着腮笑眯眯地看着你）"

（3）效果分析：可以看到，DeepSeek非常善解人意，一下子进入了知心大姐姐的状态，还用括号的形式标注了动作，非常有场景感。但是，由于是初次提问，目前还没有进入"疗愈状态"，需要我们提供更多的信息给DeepSeek。但这已经开了一个很好的头。

2. 第一次追问

（1）输入内容："我是一名文字工作者，擅长独自工作。最近领导想让我走向台前，做活动主持人，我非常焦虑。"

（2）DeepSeek深度思考后回应："（把热可可轻轻地推到你的面前）哎呀，原来我们的小笔杆子被推到聚光灯下了呀？（忽然举起记事本挡着脸，然后模仿你）现在是不是像被迫营业的小猫咪，尾巴都炸成蒲公英啦？（再次突然正经托住你的手背）其实我第一次当主持人时，把嘉宾名字喊串成绕口令了呢……要不要听听我的秘密武器3件套？"

（3）效果分析：DeepSeek马上理解了你焦虑的原因，使用了一些可爱的比喻，列举了自己"出糗"的案例，想要以此安抚你的内心。那杯热可可，它也没有忘掉。另外，DeepSeek开始主动引导你进行提问了！

3. 第二次追问

（1）输入内容："好呀，把你的秘密武器3件套告诉我吧。"

（2）DeepSeek深度思考后回应："（突然从背后掏出个魔法铃铛晃了晃）第一招呀，叫'逐字稿里藏星光'。把你最擅长的文字变成超长的主持稿，连'请大家翻开手册第18页'都要写得像童话故事一样！（变出个亮晶晶的耳麦）第二招是……（忽然往你手心里放颗薄荷糖）最后一招是……"

（3）效果分析：DeepSeek果然给出了它的"秘密武器3件套"，并且是以非常可爱的形式呈现的。但是，你有没有发现，我们第一次提问时，想让 DeepSeek 扮演的是"知心大姐姐"，但现在 DeepSeek 表现得更像一名"邻家小妹妹"，你是否觉得这风格过于可爱了？这是因为 DeepSeek 第一次用这种方式回答我们的时候，我们并未反对。不过没关系，有任何要求，随时追问就好了！

4. 第三次追问

（1）输入内容："谢谢你，但是我还是希望你像一个有丰富经验的大姐姐一样，给我更多成熟的建议。"

（2）DeepSeek 深度思考后回应："（把茶杯轻轻地转向朝阳方向，并收敛了玩笑神色）让我以 10 年主持人的身份，和你分享 3 个真实的蜕变法则吧。第一法则，把舞台变成你的书房延伸……；第二法则，建立能量缓冲带……；第三法则，设置安全缓冲区……；你此刻的焦虑，恰是文字工作者特有的精密雷达在启动，这不是缺陷，而是即将破茧的征兆。"

（3）效果分析：你看，DeepSeek 的回答风格一下子就转换过来了，并且还给了一个恰当的过渡，即"收敛了玩笑神色"，如果我们愿意，可以一直与 DeepSeek 进行这样的对话。这种对话不但满足了我们的倾诉欲望，而且还能得到对方的回应。有时候，疗愈就在这"一问一答"之中产生。

5.2.2　DeepSeek 并非完美，但仍值得尝试

尽管 DeepSeek 在多轮对话中展现出了极高的情商和疗愈能力，但它并非完美。例如，在上述案例中，DeepSeek 一度从"知

心大姐姐"转变为"邻家小妹妹"，虽然增加了对话的趣味性，但可能并不符合所有用户的期待。

然而，这并不影响 DeepSeek 成为一个值得尝试的心灵疗愈工具。用户可以通过不断追问和反馈，逐步引导 DeepSeek 的回答更加贴近自己的需求。在这个过程中，用户不仅能够获得情感上的支持，还能在对话中逐渐找到自我疗愈的方法。

更重要的是，与 DeepSeek 的对话过程本身就是一种放松和疗愈。它提供了一个安全、私密的空间，让用户能够畅所欲言，释放内心的压力和焦虑。因此，尽管 DeepSeek 并非完美，但它仍然是一个值得尝试的心灵伴侣。

5.3　学术文献晦涩难懂，找它

在学术研究的过程中，文献处理是一项极为重要的任务。这需要我们对大量文献进行梳理与分析，还要提炼观点，撰写文献综述。这个过程往往烦琐又耗时，但有了 DeepSeek 这个强大的助手，一切都变得轻松许多。接下来，我们就详细展示如何借助 DeepSeek 高效完成这些环节。

5.3.1　文献分析——提炼、挖掘与对比

文献分析是学术研究的重要环节，其本质在于通过系统化方法揭示文献的知识价值与创新潜力。本节将围绕文献要点、重点提炼，跨学科研究挖掘，多文献对比分析 3 个场景展开，说明如何使用 DeepSeek 进行文献分析。

1. 文献要点、重点提炼

提炼文献的要点与重点，是指通过系统梳理文献内容，精准提取研究的目标、方法、创新点及价值的过程，是文献分析的基本环节。它具有以下作用。（1）帮助我们快速把握文献核心脉络，避免信息过载。（2）识别研究空白与创新空间，为后续研究提供参照。（3）支持学术论文的文献综述写作与研究设计。（4）培养批判性思维与学术表达能力。

使用 DeepSeek 进行此操作，我们可以参考以下提示词模板。

请您作为【具体研究领域】的专家，基于我上传的文献的【方法 / 结果 / 结论】部分，提炼该研究的核心贡献与创新点。需简明扼要地总结：（1）研究的目标与核心问题；（2）关键研究方法（技术路径 / 实验设计）；（3）主要发现与创新突破；（4）科学意义与应用价值。

请以分点形式呈现，使用学术规范语言，避免冗长描述。

2. 跨学科研究挖掘

跨学科研究挖掘是指通过整合不同学科的理论、方法或技术，识别文献中潜在的交叉创新点。其核心在于发现学科间的关联性与互补性，突破单一领域的研究局限。这在学术研究中具有以下重要意义。

（1）促进知识体系融合，催生原创性成果。（2）为复杂问题提供多维度解决方案。（3）推动新兴交叉学科的形成与发展。（4）培养研究者的系统思维与创新能力。

使用 DeepSeek 进行此操作，可参考以下提示词模板。

请您作为【目标学科】与【关联学科】的交叉领域专家，基于我上传的文献的【研究背景 / 方法 / 讨论】部分，分析该研究的跨学科特征。需系统总结以下内容：(1) 跨学科应用场景与理论融合点；(2) 创新采用的交叉研究方法；(3) 对目标学科与关联学科的双向贡献；(4) 跨学科视角下的潜在研究方向。

请以对比分析形式呈现，突出学科交叉的创新性与方法论价值。

3. 多文献对比分析

多文献对比分析是指通过系统比较多篇文献的研究目标、方法、结论及创新点，识别学科发展脉络、争议焦点与研究空白的过程。其核心在于通过横向与纵向的维度交叉，揭示文献间的关联性与差异性。在学术研究中具有以下关键作用。

(1) 整合碎片化知识，构建系统化认知框架。(2) 发现研究热点迁移规律与方法论演进路径。(3) 识别矛盾结论背后的潜在机制或实验条件差异。(4) 为研究假设提出与实验设计优化提供实证依据。

使用 DeepSeek 进行多文献对比时，可参考以下提示词模板。

请您作为【目标研究领域】的专家，基于我上传的【× 篇】文献的【方法 / 结果 / 讨论】部分，开展系统性的对比分析，需重点阐述以下几点内容：(1) 文献间的研究目标与核心问题的异同点；（2）方法论体系的演进脉络与技术路线差异；（3）关键发现的一致性与矛盾性分析；（4）当前研究的瓶颈与未来突破的方向。

请以对比表格结合文字分析形式呈现，突出规律性认知与批判性思考。

5.3.2　撰写文献综述——引言、主体和结论

文献综述作为学术论文的重要组成部分，旨在对特定研究领域的现有文献进行系统梳理、分析与整合，从而清晰地展现出研究现状、发展脉络，并指出未来研究方向。本节将围绕文献综述撰写过程中的引言、主体和结论等内容的创作展开，说明如何使用 DeepSeek 赋能文献综述写作。

1.　撰写引言

引言是文献综述的开篇部分，篇幅较小，一般需控制在300 字左右，很少超过 500 字。其作用在于阐明写作目的，介绍相关概念，界定综述涉及的范围，简述论文主题的研究现状，使读者对全文内容形成初步认识。

运用 DeepSeek 撰写综述的引言，可参考以下提示词模板。

我在写一篇【研究领域】的论文，现在进入了文献综述阶段。请您作为【研究领域】的权威学者，基于我提供的文献资料，帮我撰写文献综述的引言。需具体阐述以下内容：（1）写作目的，定义综述主题、问题及研究领域；（2）有关综述主题已发

表文献的总体趋势，相关概念的定义；（3）综述的范围，包括专题
涉及的学科和时间范围，明确引用文献的起止年份，以及解释、
分析和比较文献及组织综述次序的准则；（4）扼要说明有关问题
的现况或争论焦点，引出综述的核心主题。要求语言具有说服力，
自然引出综述主题。

2. 撰写主体

主体部分是文献综述的核心，其写法灵活多样，可按文献发
表年代顺序、不同问题或观点进行综述。借助 DeepSeek 撰写主体
内容，需将搜集的文献资料归纳、整理、分析比较，阐明引言中
确立的综述主题的历史背景、现状和发展方向，并进行评述。

运用 DeepSeek 撰写综述的主体，可参考以下提示词模
板（先把已经写好的引言部分输入进去，然后空两行输入以下
内容）。

我在写一篇【研究领域】的论文，现在进入了文献综述阶段。
请您作为【研究领域】的专家，基于我已经完成的文献综述的
"引言"部分以及我上传的资料，撰写文献综述的主体部分。

你需要按照【时间顺序 / 研究主题 / 研究方法 / 学术流派 /
国内国外】设计综述的结构。

运用学术规范语言，保证结构清晰，论述详实。

3. 撰写结论

结论部分在文献综述中占据着重要地位，用户需对本研究
中存在的各派意见进行归纳，指出尚待解决的问题与已有研究

的不足之处，阐明本研究的创新点以及试图解决的问题。撰写时要有原创性观点，避免单纯对已有文献进行描述性统计式评论。若为旨在发展新理论的综述文章，还需在综述基础上提出新的命题或模型。

借助 DeepSeek 撰写综述的结论，可参考以下提示词模板（先把已经写好的引言与主体部分输入进去，然后空两行输入以下内容）。

我在写一篇【研究领域】的论文，现在进入了文献综述阶段。请您作为【研究领域】的前沿学者，我基于已经完成的文献综述的"引言"与"主体"，撰写文献综述的"结论"部分。你需要：（1）对本研究涉及的各派观点进行归纳整合；（2）剖析已有研究在理论、方法、应用等方面存在的不足；（3）明确本综述在研究视角、方法运用或观点提炼等方面的创新之处；（4）针对现有研究的空白与缺陷，提出具有前瞻性的研究方向，若有可能，构建新的理论命题或模型。

要求论述逻辑严密，观点新颖且具有建设性。

5.3.3 整理与整合——撰写文献综述

使用 DeepSeek 撰写文献综述，有整合各篇文献的研究发现、撰写文献综述的结构性总结、识别研究空白与未来研究方向三大常见场景。

1. 整合各篇文献的研究发现

提示词公式：

请你作为一位【××领域】的专家，整合文献1至文献N的研究成果，提炼出这些文献的主要结论，并对它们的影响力进行总结，篇幅要求为【×】字，确保内容清晰、简练，避免过多连接词，每个结论部分逻辑连接紧密，段落结构清晰，避免冗长句子。

提示词示例：

在"医疗影像诊断领域的机器学习应用"方面，你阅读5篇文献后，请你作为一位医疗影像诊断领域的机器学习专家，整合文献1至文献5的研究成果，提炼出这些文献的主要结论，并对它们的影响力进行总结，篇幅要求为500字，确保内容清晰、简练，不要用过多连接词，每个结论部分逻辑连接紧密，段落结构清晰，避免冗长句子。

2. 撰写文献综述的结构性总结

提示词公式：

请你作为一位【××领域】的专家，撰写文献综述的【导言/方法等部分】，简要介绍【研究背景、问题陈述、研究动机等具体内容】，篇幅为【×～×】字，请确保内容逻辑严谨、语言简洁，避免冗长的过渡语，段落之间衔接清晰。

提示词示例：

请你作为一位医疗影像诊断领域的机器学习专家，撰写文献综述的导言部分，简要介绍研究背景、问题陈述及研究动机，篇幅为300～350字，请确保内容逻辑严谨、语言简洁，避免冗长的过渡语，段落之间衔接清晰。

3. 识别研究空白与未来研究方向

提示词公式：

请你作为一位【××领域】的专家，基于文献综述的内容，提炼出当前研究中的空白，并提出未来研究的方向，篇幅为【×～×】字，保持分析的深度，避免过于简略的总结。

提示词示例：

请你作为一位医疗影像诊断领域的机器专家，基于文献综述的内容，提炼出当前研究中的空白，并提出未来研究的方向，篇幅为250～300字，保持分析的深度，避免过于简略的总结。

5.3.4 确保学术规范——引用与改写

使用DeepSeek进行引用与改写，有确保引用规范、改写两大常用场景。

1. 确保引用规范

提示词公式：

请你作为一位学术论文写作专家，为文献综述中的每一项引用提供【APA/MLA等格式】的参考文献列表，并确保引用准确无误，符合学术期刊要求的格式规范。

提示词示例：

请你作为一位学术论文写作专家，为文献综述中的每一项引用提供 APA 格式的参考文献列表，并确保引用准确无误，符合学术期刊要求的格式规范。

2. 改写

提示词公式：

请你作为一位学术论文写作专家，对以下段落进行改写，确保用更正式和学术化的语言表达原有的意思，同时提高段落的流畅性和严谨性，保持语言简练且学术化，避免使用非正式或过于简化的语言。

提示词示例：

假设文献综述中有一段内容"现在好多研究都在做如何将机器学习用于医疗影像诊断的事，想让诊断更准"，你想改写，可以输入以下提示词："请你作为一位学术论文写作专家，对以下段落进行改写，确保用更正式和学术化的语言表达原有的意思，同时提高段落的流畅性和严谨性，保持语言简练且学术化，避免使用非正式或过于简化的语言。"

5.4　涉外资料理解困难，找它

在全球化进程加速的今天，语言交流障碍成为不少人在学习、工作和生活中需要面对的挑战。DeepSeek 作为一款功能强大的翻译助手，凭借先进的人工智能技术突破了语言壁垒，不仅能提供精准的翻译服务，还能在翻译练习、口语模拟等方面发挥重要辅助作用，帮助你轻松应对各种语言场景。

5.4.1 优秀提示词推荐

让 DeepSeek 变成翻译助手，主要是通过各类提示词来实现。表 5–1 展示了 3 类优秀的翻译提示词。

表 5–1　3 类优秀的翻译提示词

类型	使用场景	提示词公式	提示词示范
基础翻译提示词	英文翻译	将［源语言］翻译成［目标语言］，并保持［风格要求（如口语化、正式等）］表达	将这段英文翻译成中文，并保持口语化表达
	医学术语翻译	请用［专业领域术语］翻译以下内容	请用医学术语翻译以下内容
复杂场景提示词	日文商务邮件翻译成中文	帮我将这份［源语言］［文档类型（如商务邮件、技术文档等）］翻译成［目标语言］，并附带［相关附加要求（如谈判策略建议、行业标准优化等）］	帮我将这份日文商务邮件翻译成中文，并附带谈判策略建议
复杂场景提示词	中文技术文档翻译成英文	将这段［源语言］［文档类型］翻译成［目标语言］，并［符合行业标准要求（如优化术语以符合 × × 标准）］	将这段中文技术文档翻译成英文，并优化术语以符合国际电子委员会（IEC）标准

续表

类型	使用场景	提示词公式	提示词示范
功能强化提示词	翻译法文论文摘要并总结关键点	开启优化模式，翻译这篇［源语言］［文档类型（如论文摘要、会议记录等）］并总结关键点	开启优化模式，翻译这篇法文论文摘要并总结关键点
	韩文会议记录翻译成中文，并生成时间线图表	将这段［源语言］［文档类型］翻译成［目标语言］，并生成［可视化内容类型（如时间线图表、对比图表等）］	将这段韩文会议记录翻译成中文，并生成时间线图表

5.4.2　实操对话案例

掌握翻译助手方面的提示词后，便可开始上手进行实操。表5-2展示了3个常见的翻译使用场景。

表5-2　3个常见的翻译使用场景

使用场景	用户需求	操作步骤	提示词公式
跨语言商务沟通	我需要与巴西客户商谈供应链协议，但对方只使用葡萄牙语	1. 用户提出需求。 2. DeepSeek回复"好的，请提供协议文本和谈判目标。我将翻译成葡萄牙语，并附带文化适配建议"。 3. 用户提供相关文本和目标后，DeepSeek进行翻译并给出附加内容	我需要与［目标客户所在地区］客户商谈［商谈内容］，但对方只使用［目标语言］。请提供［商谈内容］文本和谈判目标，我将翻译成［目标语言］，并附带文化适配建议

续表

使用场景	用户需求	操作步骤	提示词公式
学术文献翻译	请将这篇德文心理学论文翻译成中文，并标记关键理论模型	1. 用户输入需求提示词； 2. DeepSeek 回应："已将文本翻译为中文，关键术语已用加粗标注，并附上理论模型的可视化图表。"同时，它还将给出研究建议	请将这篇［源语言］［学科领域］论文翻译成［目标语言］，并标记关键理论模型
旅行语言支持	我要去巴黎旅行，但不会法语。如何点一杯咖啡	1. 用户提出问题； 2. DeepSeek 给出法文表达、发音指导，以及附加功能	我要去［旅行目的地（用法语地区）］旅行，但不会法语。［询问具体场景需求（如如何做某事）］

5.4.3 使用技巧与优化

1. 多语言混合处理

输入混合语言的文本（如中英混合）后，DeepSeek 会自动识别并全部翻译，无须额外标注。例如，用户输入"这个产品的 Quality 很不错，很受欢迎"，DeepSeek 会直接翻译为"这个产品的质量很不错，很受欢迎"。

2. 文件直接上传

上传 PDF/Word 文档后，DeepSeek 可直接翻译全文并提取关键信息，适合处理长文本。

3. 上下文依赖优化

如果在翻译前提供内容的相关背景信息（如行业、场合），那么 DeepSeek 会生成更精准的翻译。例如，用户要翻译"Bank"这个词，如果先告知 DeepSeek 是在金融行业的语境下，那么它就会准确翻译为"银行"，而不是其他含义。

5.5　个人资产不会打理，找它

在家庭财富管理领域，如何有效管理家庭资产以实现资产增值，是众多家庭关注的焦点。DeepSeek 作为理财助手，可以基于对家庭财务状况、风险承受能力等多维度评估，为家庭量身定制科学的理财规划，提供合理投资建议，助力家庭财富稳健增长，保障其资产权益保障。以下是一些案例供你参考。

5.5.1　优秀提示词模板

让 DeepSeek 成为你的理财助手，主要是通过各类提示词实现，表 5-3 展示了 3 类优秀的理财提示词。

表 5-3　3 类优秀的理财提示词

类型	提示词示范	提示词公式	公式应用案例
基础信息类	你好，我是一名中国的普通投资者，风险测评是平衡型。当前国内利率持续下行，我担心资产购买力下降，希望配置能带来稳定的现金流并保值增值。目前我有 100 万元闲钱，请根据我的情况制定投资策略	身份描述＋风险类型＋经济环境或市场情况＋担忧问题＋理财目标＋资金情况＋需求	本例中，[身份描述]是普通家庭投资者，[风险类型]是稳健型，[经济环境或市场情况]是市场波动较大，[担忧问题]是资产缩水，[理财目标]是实现资产的稳健增长并获得一定的现金流收益，[资金情况]是有 100 万元闲钱

类型	提示词示范	提示词公式	公式应用案例
目标定制类	我今年45岁，家庭年收入30万元，有房贷和子女教育基金需求。请为我设计一份兼顾风险控制和收益的10年期资产配置方案，重点考虑抗通货膨胀和养老储备	年龄＋具体金额＋家庭财务需求（如房贷、教育基金等）＋投资期限＋风险和收益要求＋特定需求（如抗通货膨胀、养老储备等）	本例中，[年龄]是45岁，[具体金额]是30万元，[家庭财务需求]是有房贷和孩子教育基金需求，[投资期限]是10年期，[风险和收益要求]是兼顾风险控制和收益，[特定需求]是抗通货膨胀和养老储备
场景化需求类	作为新手投资者，我有20万元资金想分散投资。请推荐适合国内中小投资者的低门槛产品组合，并解释每项配置的逻辑	投资者身份＋资金金额＋投资方式＋目标投资者群体＋产品特点＋产品组合	本例中，[投资者身份]是新手投资者，[资金金额]是20万元，[投资方式]是分散投资，[目标投资者群体]是普通年轻家庭，[产品特点]是低门槛

5.5.2 实操对话案例

掌握理财助手方面的提示词后，你便可开始上手进行实操，具体内容如下。

1. 平衡型投资者的资产配置

（1）使用场景：适用于具有一定风险承受能力，追求资产稳健增长与保值，同时需要应对利率下降等经济环境变化的家庭投资者。

（2）用户提问：我是一名平衡型投资者，代表一个普通的四口之家，手中有150万元闲钱，担心利率下降影响购买力。请推荐2025年的资产配置方案，要求能产生稳定现金流、抗通货膨胀。

（3）DeepSeek回复：配置建议如下。国内稳健资产（40%）：配置大额存单（年化3%）+货币基金（年化2.5%），锁定基础收益。海外资产（30%）：投资美股科技龙头交易所交易基金（ETF）（年化预期8%）+新兴市场债券（年化5%），对冲区域风险。另类资产（30%）：黄金ETF（抗通货膨胀）+公募不动产投资信托基金（REITs）（年化5%～6%），增加组合韧性。风险提示：需警惕美元波动和地缘冲突，建议每季度动态调整。

（4）操作步骤：

- 家庭明确自身财务状况和需求；
- 根据自身情况，按照提示词公式组织问题输入；
- DeepSeek根据提问给出资产配置建议和风险提示。

（5）提示词公式：××风险类型投资者+家庭情况描述+资金情况+担忧问题+要求+理财目标。以本场景为例，平衡型投资者、普通四口之家、150万元闲钱、担心利率下降影响购买力、能产生稳定现金流且抗通货膨胀、资产保值增值的理财目标，这些信息完整地构成了提示词的关键要素，帮助DeepSeek理解用户需求，给出精准的投资建议。就像在法律场景中，准确的案件信息输入能让 DeepSeek 精准定位相关法律条文和案例一样，在投资领域，精准的信息输入能让它匹配到最合适的资产配置方案。

2. 年轻家庭的全生命周期规划

（1）**使用场景**：针对处于人生特定阶段，有明确未来规划（如购房、生育等），需要合理规划家庭资金的年轻夫妻。

（2）**用户提问**：我们夫妻都是 30 岁，家庭年收入 20 万元，有 50 万元存款。计划 5 年后买房，10 年后生娃，如何合理分配资金？

（3）**DeepSeek 回复**：时间分层配置如下。短期（1～3年）：货币基金（10 万元）＋定期存款（10 万元），保障流动性。中期（3～5年）：混合型基金（20 万元），年化目标 7%，为购房储备。长期（5年以上）：指数增强基金（10 万元）＋养老目标日期基金（10 万元），匹配生育和退休需求。

（4）**操作步骤**：

• 年轻夫妻梳理家庭财务状况和未来规划；

• 依据家庭情况和需求，按提示词公式形成问题询问；

（5）**提示词公式**：年龄＋家庭年收入＋存款金额＋计划＋要求。在这个场景中，30 岁的年龄、20 万元家庭年收入、50 万元存款、5 年后买房和 10 年后生娃的计划，以及合理分配资金的要求，这些信息按照公式组织起来，使 DeepSeek 能够全面了解用户情况，从而制定出符合年轻家庭全生命周期规划的资金分配方案。这与DeepSeek在目标定制类投资策略制定中，根据用户的年龄、收入、财务需求等信息生成个性化方案的原理一致，都是基于对用户多维度信息的分析。

在理财应用方面，DeepSeek通过多维度评估家庭财务状况与风险承受能力，定制科学的理财规划，提供投资建议，助力家庭财富稳健增长，保障资产权益。不过，其提供的建议仅供参考，投资者还是需要独立思考、审慎判断，结合家庭风险承受力制定决策，定期审视投资，依据市场与家庭实际调整规划，实现资产稳健增值，守护家庭财富安全。

5.6 想要科学减脂健身，找它

对于健身爱好者而言，制定契合自身的健身与饮食方案，是实现健康目标与身材管理的关键。DeepSeek宛如专业的健康顾问，可以依托专业知识与算法，快速为健身爱好者提供个性化的健身与饮食规划，助力解决相关难题。接下来，让我们一同了解健身爱好者借助DeepSeek达成目标的实例。

5.6.1 核心提示词设计原则

要让DeepSeek变成健康顾问，在设计提示词时，要注意一些原则，如表5-4所示。

表 5-4　健康顾问提示词设计的原则

原则	具体内容	作用
角色设定	明确身份（如资深健身教练、营养学专家）以获取专业建议	让 DeepSeek 从特定的专业角度出发，给出更具针对性和专业性的建议
分阶段规划	要求方案分阶段（如适应期/提升期/巩固期）并标注强度变化	根据健身不同阶段的特点和需求，合理安排训练和饮食，提高方案的科学性和有效性
细节要求	包含训练频率、饮食示范、热量标注、激励方法等具体元素	使方案更具可操作性，满足健身爱好者对细节的需求，帮助他们更好地执行计划
数据输入	提供个人基本信息［年龄、身体质量指数（BMI）、运动时间等］以增强个性化	结合个人实际情况，定制专属的健身与饮食方案，提高方案与个人的适配度
格式约束	指定输出格式（如分步清单、待办事项表）提升方案的可执行性	方便健身爱好者按照计划执行，清晰了解每个阶段的任务和步骤

5.6.2　实操对话案例

下面将结合 3 个具体场景，展示把 DeepSeek 变成健康顾问的实操案例。

1. 个性化减脂增肌计划

（1）使用场景：适合有特定健身目标、特定身体状况和生活状态的人群，希望通过科学的健身计划实现减脂增肌。

（2）用户需求与操作步骤如下。

• **用户明确需求**：小李是一位 30 岁的男性健身爱好者，BMI 为 28，是"久坐上班族"，他希望通过健身减脂增肌。

• **组织提示词提问**："作为健身教练，请为 30 岁男性（BMI 为 28，'久坐上班族'）设计 21 天减脂计划：分阶段标注［适应期 / 提升期 / 巩固期］，每日训练时间 ≤ 40 分钟，饮食建议需含早、中、晚三餐示范及热量范围，提供 3 个容易坚持的激励方法。"

（3）DeepSeek 回应：阶段划分如下。

• **第 1 周（适应期）**：以低强度有氧结合拉伸为主，帮助身体适应运动节奏，如每天进行 20 分钟的慢跑，之后进行 20 分钟的全身拉伸。

• **第 2 ～ 3 周（提升期）**：逐步增加高强度间歇训练（HIIT）和抗阻训练，提升减脂增肌效果，如每周进行 3 次 HIIT 训练，每次 20 分钟，包括快速跳绳和开合跳等动作，另外 2 天进行抗阻训练，如平板支撑 2 组 × 12 次、哑铃弯举 2 组 × 10 次等，每次 20 分钟。

• **第 4 周（巩固期）**：降低训练强度巩固成果，进行 15 分钟的有氧慢跑和 25 分钟的瑜伽拉伸；饮食示范，早餐为燕麦牛奶（燕麦 30g、牛奶 250mL，约 1046kJ）+ 水煮蛋（1 个，约 627.6kJ）。午餐为鸡胸肉（100g，约 691kJ）+ 糙米（100g，约

493kJ）+西蓝花（150g，约251kJ）。晚餐为三文鱼（100g，约870kJ）+藜麦沙拉（藜麦50g，约724kJ；生菜、黄瓜等蔬菜100g，约84kJ）。

（4）提示词公式：

作为［专业角色］，请为［年龄］［性别］（BMI［具体数值］，［职业或生活状态］）设计［时长］的［健身目标］计划：分阶段标注［阶段划分］［对训练时间的要求］，饮食建议需含早、中、晚三餐示范及热量范围，提供［×］个易坚持的激励方法。

2. 控糖饮食方案生成

（1）**使用场景**：适用于因健康原因需要控制糖分摄入的人群，帮助他们制订科学合理的饮食计划。

（2）**用户需求与操作步骤如下。**

•用户明确需求：小张是一位健身爱好者，由于医生建议他控制糖分摄入，所以他希望制订一份2周的控糖食谱计划。

•组织提示词提问：生成2周控糖食谱（早、中、晚＋加餐）计划，标注血糖生成指数（GI）值和食材替换方案，附带超市采购清单模板。

（3）**DeepSeek回应如下。**

早餐示范，即全麦面包（GI<55，1片，约293kJ）+希腊酸奶（100g，约293kJ）+蓝莓（50g，GI＜40，约105kJ）；

午餐替换方案，即用鹰嘴豆（GI 约 33）替换白米饭（GI 约 83），以降低主食的升糖指数，相同分量下，鹰嘴豆替换白米饭可使 GI 值降低约 15%；

采购清单，即主食为藜麦、荞麦面；蛋白质为鸡胸肉、三文鱼；水果为苹果、橙子。

（4）提示词公式：

生成［时长］的控糖食谱（早、中、晚 + 加餐），标注 GI 值和食材替换方案，附带超市采购清单模板。

3. 分阶段健身计划

（1）使用场景：针对健身新手，希望在一定时间内通过系统的健身训练提升身体素质。

（2）用户需求与操作步骤如下。

• 用户明确需求：小王是一名健身小白，希望在 4 周内通过健身提升身体素质；

• 组织提示词提问："作为减脂专家，请为健身小白设计 4 周训练计划，要求每周训练 3 次，每次 60 分钟，包含热身、有氧、力量训练。添加补水指南及抗疲劳食谱。"

（3）DeepSeek 回应：阶段划分如下。

• 第 1 周（适应期）：热身，即 5 分钟的慢走和简单关节活动；有氧，即慢跑 30 分钟，保持适度的运动强度；力量训练，即深蹲 2 组 × 12 次，帮助初步锻炼腿部力量。

• 第 4 周（强化期）：……

（4）提示词公式：

作为［专业角色］，请为［健身水平描述］设计［时长］训练计划，要求［训练频率和时长要求］，包含热身、有氧、力量训练。添加补水指南及抗疲劳食谱。

5.7 孩子有十万个为什么，找它

在辅导孩子学习时，家长经常面临各类难题，急需一位随时能答疑解惑的"帮手"。当下，DeepSeek 可以作为专业家教助手，助力家长迅速获取解题思路，解决孩子的学习难题，提升孩子的学习效率与成绩。下面将详细介绍其实现方式。

5.7.1 使用结构化提示词

在与 DeepSeek 对话时，使用结构化提示词至关重要。这一方式有助于 DeepSeek 更准确理解用户需求，从而输出更精准的回复。

1. 结构化提示词的关键要素

（1）明确提问背景（Context）。告诉 DeepSeek 你所处的情境或背景，如孩子的年级、学科等，这样它给出的答案会更有针对性。

（2）清晰陈述任务（Task）或需求。把你需要 DeepSeek 完成的任务或提供的帮助说得越具体越好，这样它的回答才更准确。

（3）提供必要的详细信息（Details）。把问题的背景、相关数据、遇到的难点等关键信息都输入给 DeepSeek，这样它就能更好地分析问题。

（4）需求的优化或限制条件（Refinement）。要是对回答有特定要求，像难度、时间限制等，需提前说明，这样就能得到更符合期望的答案。

（5）输出格式要求（Format）。如果希望答案以特定格式呈现，如文字、列表、步骤图等，就要明确提出要求。

2．提示词的底层公式

以家教助手为例，示例如下：

［明确身份(如家长、学生身份及相关背景)］，我在［学科］学习／辅导孩子［学科］作业时遇到［具体问题］，请［具体任务，如提供解题思路、分析错题原因等］，要求［优化或限制条件，如难度、数量等］，以［期望的输出格式］呈现。

5.7.2　实操案例展示

下面将通过 3 个场景，来演示如何将 DeepSeek 变成家教助手。

1. 数学应用题解题辅导

（1）**使用场景**：适用于家长辅导孩子做数学作业，当孩子遇到难题时，借助 DeepSeek 获取解题思路和方法。

（2）**孩子学习难题**：小明是小学六年级学生，在做数学作业时，遇到一道关于行程问题的应用题："A、B 两地相距 300 千米，甲、乙两车分别从 A、B 两地同时出发，相向而行，甲车每小时行驶 60 千米，乙车每小时行驶 40 千米，几小时后两车相遇？"小明不知道该怎么解？

（3）**提示词示范**：我是小学六年级学生的家长，在辅导孩子做数学作业时，遇到一道行程问题的应用题（题目内容为 A、B 两地相距 300 千米……几小时后两车相遇？）不会解，请提供详细的解题思路，并以步骤列表的形式呈现，解题过程尽量详细，便于孩子理解。

（4）**DeepSeek 回应如下**：

①分析题目，这是一个相遇问题，关键是找到两车行驶路程之和与总路程的关系；②根据公式"相遇时间 = 总路程 ÷ 速度和"来解题；③计算两车速度和，即 60+40=100（千米 / 小时）；④用总路程除以速度和，得到相遇时间 300÷100=3（小时）；⑤做总结，所以，3 小时后两车相遇。

（5）**提示词公式**：明确身份 + 学科 + 具体问题 + 具体任务 + 优化或限制条件 + 期望的输出格式。在这个场景中，家长明确身份，指出学科是数学，具体问题是行程应用题，具体任务是求解，优化条件是解题过程详细，期望输出格式是步骤列表，DeepSeek 根据这些信息给出了清晰的解题步骤。

2. 英语词汇记忆困难

（1）**使用场景**：帮助家长解决孩子在英语词汇学习中遇到的记忆难题，制订科学有效的学习计划。

（2）**孩子学习难题**：小红是五年级学生，正在学习人教版英语课本五年级下册的英语词汇，觉得记忆单词很困难，容易忘记。

（3）**提示词示范**：我是五年级学生的家长，孩子正在学习人教版英语课本五年级下册的英语词汇，记忆单词有困难，请为孩子设计一个每天学习 20 个单词的记忆计划，每个单词都要配有例句，并且计划要结合有趣的互动练习，以列表形式输出。

（4）**DeepSeek 回应**：第一阶段为主题分类学习（7 天）。

第一天，季节与天气；

单词：spring, summer, autumn, winter, rainy, sunny, windy, snow, leaf, picnic, kite, sweater, scarf, temperature, holiday, December, January, February, March, April；

例句：In spring, we plant trees in the park. I wear a thick sweater in winter.

……

（5）提示词公式：明确身份＋学科＋具体问题＋具体任务＋优化或限制条件＋期望的输出格式。家长明确身份后，说明英语学科和孩子词汇记忆困难的问题，提出设计记忆计划的任务，优化条件包括每天学习单词数量、配例句和互动练习，期望输出格式为列表，DeepSeek据此生成了针对性的学习计划。

3. 语文作文写作提升

（1）**使用场景**：针对孩子在语文作文写作中存在的问题，如结构混乱、语言平淡等，帮助家长获取专业的修改建议。

（2）**孩子学习难题**：小刚是四年级学生，写作文时总是不知道如何组织内容，写出来的作文结构混乱，语言也比较平淡。他写了一篇关于《我的周末》的作文，希望能得到提升建议。

（3）**提示词示范**：我是四年级学生的家长，孩子写了一篇关于《我的周末》的作文，存在结构混乱、语言平淡的问题，请帮我分析该作文并提出具体的修改建议，包括结构调整、语言丰富等方面，以文字形式详细说明。

（4）DeepSeek回应如下。

• 结构方面：建议采用"总分总"结构。开头总起介绍周末过得很充实；中间分述周末做的不同事情，如去公园玩、在家看书等，每个事情单独成段；结尾总结周末的收获和感受。

• 语言方面：可以多使用比喻、拟人等修辞手法，像"公园里的花朵像一群可爱的小精灵在风中跳舞"；还可以增加一些细节描写，如"我翻开书，那淡淡的墨香立刻钻进了我的鼻子里"。

（5）提示词公式：明确身份＋学科＋具体问题＋具体任务＋优化或限制条件＋期望的输出格式。家长表明身份，指出语文学科和作文写作问题，提出分析作文并给出修改建议的任务，优化条件是结构调整和语言丰富，期望输出格式为文字详细说明，DeepSeek 给出了全面的提升建议。

5.7.3　进阶功能助力学习

1. 文件解析功能

此功能实用性强，家长可将孩子的作业、试卷上传至DeepSeek。例如上传数学试卷，DeepSeek 能自动标注错题，并给出详细解题步骤与错误原因分析；若上传语文作文，DeepSeek会从语句、结构、表达方式等维度给出批改建议，助力提升孩子的学习成效。

2. 联网搜索功能

在辅导孩子学习时，家长可能需要拓展知识或了解考试大纲变化，DeepSeek 的联网搜索功能可以为其提供较大的帮助。输入"查询 2024 年小学六年级数学期末考试大纲"，DeepSeek即可提供最新考试要求、题型及常考知识点；孩子对某个概念存疑时，还能通过 DeepSeek 快速检索相关教学视频、文章或练习题，丰富学习资源。

3. 深度思考功能

当孩子面对复杂题目或需多维度分析问题时，DeepSeek 的深度思考功能可提供支持。例如，孩子理解数学应用题有困难，它能从基础运算、实际生活情境等多个角度提供解题思路；辅导孩子作文时，它能结合语言表达、逻辑推理等，提出优化作文结构和写作技巧的建议。

5.8 想定制个性化的旅行方案，找它

出行旅游若想获得优质体验，有一份精心定制的旅行方案至关重要。以下将以"云南之旅"为例，详细介绍如何借助 DeepSeek 规划旅行，助力你收获独特且难忘的旅行体验。

5.8.1 利用 DeepSeek 规划"云南之旅"的详细过程

规划旅行方案方面，大致涉及明确旅行需求、景点推荐、行程安排、美食攻略，深入了解景点和美食、优化行程等场景。利用 DeepSeek 打造"云南之旅"方案示例如下。

1. 明确旅行需求

（1）使用场景：在计划旅行前，全面梳理旅行相关要素，为后续精准规划做准备。

（2）具体步骤：确定出行人数、时间、预算、特殊需求（如带老人和孩子、偏好自然风光还是人文景观等）。

（3）提示词示范：一家四口（两大两小，孩子分别为 5 岁和

8岁），计划暑假去云南玩7天，预算15 000元，想多去一些适合孩子玩的地方，也希望体验云南特色美食，对自然风光和人文景观都感兴趣。

（4）DeepSeek回应：了解你的需求，接下来我为你规划适合一家四口的7天"云南之旅"方案。

（5）用户应用：小李一家按照这个思路明确旅行需求，为后续规划做准备。

2. 景点推荐

（1）使用场景：在确定旅行目的地后，获取适合自身需求的景点信息。

（2）具体步骤：向DeepSeek提问，获取景点建议。

（3）提示词示范：云南有哪些适合带5岁和8岁孩子一起游玩的景点，最好自然风光和人文景观都有。

（4）DeepSeek回应：推荐你去昆明滇池，孩子们可以喂海鸥，欣赏湖光山色；大理洱海，能乘船游览，感受自然风光；丽江古城，体验古城韵味，了解纳西族文化；玉龙雪山，景色壮观，还能让孩子感受高原风光；西双版纳野象谷，能近距离观察大象，了解大象的生活习性。

（5）用户应用：小李一家参考这些景点建议，对"云南之旅"充满期待。

3. 行程安排

（1）**使用场景**：根据景点推荐和个人旅行时间、喜好等，制订详细的旅行行程。

（2）**具体步骤**：结合景点推荐，根据旅行天数和个人喜好制订行程。

（3）**提示词示范**：以昆明、大理、丽江、西双版纳这几个地方为例，帮我规划一个7天的行程，要合理安排交通和休息时间，尽量让行程轻松有趣，适合孩子。

（4）**DeepSeek回应**：第一天，抵达昆明，去滇池游玩，晚上在昆明市区品尝过桥米线等美食；第二天，从昆明前往大理，到达后去大理古城逛逛，感受古城氛围；第三天，环洱海游玩，可以选择乘船或者租电动车，欣赏洱海美景，途中可以在喜洲古镇停留，看白族特色建筑；……（后续按实际天数依次规划每天行程）

（5）**用户应用**：小李一家根据这个行程安排，有序地规划了自己的旅行。

4. 美食攻略

（1）**使用场景**：在旅行过程中，了解当地特色美食及品尝地点。

（2）**具体步骤**：询问DeepSeek云南的特色美食以及品尝地点。

（3）**提示词示范**：云南有哪些必吃的美食？在昆明、大理、丽江、西双版纳分别可以去哪里吃到？

（4）**DeepSeek回应**：昆明可以去南屏街吃豆花米线、炸洋芋；大理在古城能吃到破酥粑粑、饵丝；丽江可以在四方街品尝腊排骨火锅、纳西烤鱼；西双版纳的曼听公园附近能吃到香茅草烤鱼、傣味烧烤等。

（5）**用户应用**：小李一家按照推荐，一路品尝美食，大饱口福。

5. 深入了解景点和美食

（1）**使用场景**：当用户对某些景点或美食特别感兴趣，希望获取更详细的信息。

（2）**具体步骤**：对感兴趣的景点和美食进一步提问，获取更详细的信息。

（3）**提示词示范**：西双版纳野象谷有哪些好玩的项目？香茅草烤鱼是怎么做的？

（4）**DeepSeek回应**：野象谷可以观看大象表演、走空中栈道看大象活动；香茅草烤鱼是将鱼用香茅草等香料腌制后经炭火烤制而成的，味道鲜香。

（5）**用户应用**：小李家的孩子对野象谷的大象表演特别期待，家长也对美食的做法产生了兴趣，这些详细信息为他们的旅行增添了更多期待和乐趣。

6. 优化行程

（1）**使用场景**：在旅行准备阶段或旅行过程中，根据实际情况对已制订的行程进行调整。

（2）**具体步骤**：根据 DeepSeek 的回答，结合实际情况调整行程。

（3）**提示词示范**：我们在玉龙雪山游玩时间有点紧张，能不能调整一下，让游玩更轻松？

（4）**DeepSeek 回应**：可以把玉龙雪山的游玩安排在两天，第一天先去雪山脚下的蓝月谷游玩，第二天再去玉龙雪山景区，这样游玩起来更轻松，也能更好地欣赏美景。

（5）**用户应用**：小李一家采纳了这个建议，调整后的行程让旅行更加惬意，确保他们能充分享受每个景点，避免因行程过于紧凑而带来疲惫感。

5.8.2 提示词的底层公式

在 5.8.1 节的示例中，使用了一系列提示词，其基础公式如下：

［出行人数、身份（如家庭、情侣、独自旅行者等）］，计划［旅行时间］去云南旅行，预算［×］元，［特殊需求，如偏好、带特定人群等］，请推荐［具体需求，如景点、美食、行程安排等］。

以小李一家为例，其提示词可以写成"一家四口（两大两小，孩子分别为5岁和8岁），计划暑假（7天）去云南玩，预算15 000元，想多去一些适合孩子玩的地方，也希望体验云南特色美食，对自然风光和人文景观都感兴趣，请推荐云南适合游玩的景点、7天的行程安排及各地的美食攻略"。这个提示词完整涵盖了公式中的各项要素，从而让DeepSeek能更准确地给出符合他们需求的旅行规划。

利用DeepSeek规划旅行，用户可快速获取丰富的实用信息，显著简化旅行规划流程。需注意，DeepSeek所提供的建议仅作参考，在实际规划中，用户应结合天气变化、个人突发状况等现实因素，灵活调整行程安排。祝DeepSeek成为你的旅行好助手，协助你制定出契合你自身需求的旅行方案，让你享受游玩乐趣，收获美好回忆。

 小练习

　　生活中还有哪些消耗你时间的场景？例如，写演讲稿、做流程图、改作业……赶紧用DeepSeek武装自己，把你从手忙脚乱中解放出来吧！

后　记

2025 年 1 月 20 日，幻方量化旗下 AI 公司深度求索公司发布了 DeepSeek-R1 模型。它以其开源、高效、低成本等优势，在多个领域激起千层浪。每个人的日常工作和生活似乎都将被波及，全网都在传"再不会使用 DeepSeek 就来不及了"这样的信息，动辄"××岗位要被替代"看起来每个人的未来都将同"DeepSeek"深度绑定，这激发了人们的巨大焦虑。

既然宣传得这般神乎其神，不妨把我们"普通人"每天都要处理的"普通问题"输入到 DeepSeek 中试一试。"帮我生成一个 2000 字的工作总结""帮我写一个 ×× 产品带货文案"……这样的问题从 DeepSeek 得到的回答往往都是泛泛的套词，根本解决不了实际问题——这无疑加重了我们的焦虑：是不是普通人真的要被时代所抛弃了！

说实话，笔者也是普通人，和大家一样，每天为生活奔波、为工作忙碌，每天的工作也是处理这些"普通问题"。看到大家的疑惑，结合多年的教育教学经验，笔者大胆推测：不是 DeepSeek 有问题，而是我们使用 DeepSeek 的方式有问题。

通过优化提示词、升级提问方法、进阶提问思维，DeepSeek 原本模糊不清的答案就会变得更加精准、原本通用的套词就会变得极具个性化。只需要几个很简单的步骤，普通人就可以轻松掌握 DeepSeek 的提问技巧。

正是怀着这样的初衷，笔者决定编写本书。本书力求简洁朴实，避免各种晦涩的语言，就是希望以普通人的视角，讲清楚三件事：DeepSeek 是什么，DeepSeek 怎么用，DeepSeek 怎么能用得更巧，更妙。即使是零基础小白，其实也能在各领域的现实场景中，体会到 DeepSeek 带给我们的巨大改变。

编写本书这个想法一经酝酿，便得到了全国 AI 领域多位优秀专业人士的大力支持。在本书的编写过程中，他们提供了丰富的案例和宝贵的行业经验，在此对聂荣芬（前言、第 1 章），张书画、赵亮（共同负责第 2 章），杨华、黄震炜（共同负责第 3 章），彭秋婷（第 4 章），林理敏（第 5 章），任泽岩（后记、附录）等几位老师以及担任全书统稿，校对工作的胡翰林编辑表示由衷感谢。

亲爱的读者朋友，AI 时代已经来临，DeepSeek 为我们打开了通往未来的大门。本书正是为渴望提升效率与激发创意的你量身打造的 AI 时代生存手册。让我们一同去探索、去尝试，将 DeepSeek 变成自己的"私人助理"，收获 AI 时代的红利。

由于笔者水平有限，错误和疏漏在所难免，恳请广大读者朋友们批评和指正。

编　者

2025 年 2 月

附录 DeepSeek 实战工具箱

附录 1 速查表：50 个高频场景提问模板

使用 DeepSeek 等 AI 工具时，精准提问是其非常重要的事情。无论你是在金融领域面对复杂多变的行情趋势，还是在深夜的工位为写报告绞尽脑汁，抑或在电商运营中考虑着如何提升店铺影响力，请收藏这份"速查表"。50 个高频场景提问模板，可让你秒变 DeepSeek 高手，解锁多种场景下的智慧解决方案，即使跨行业也可以触类旁通。

（使用说明："[ ]"内的词语可以根据个人需要进行选择或替换。）

1. 金融场景（10 个模板）

模板 1：市场趋势分析

请以专业的金融分析师视角，分析当前国际股市的趋势变化，重点关注 [具体行业] 的走势，并结合近期宏观经济数据，预测未来 3 个月的市场变化。

模板 2：投资建议

你是一位有 20 年经验的私人理财投资顾问，请根据我的风险承受能力［低／中／高］和投资目标［短期／长期］，推荐一种适合我的投资组合，并说明理由。

模板 3：财务报表分析

请对［公司名称］最近一年的财务报表进行分析，重点关注其盈利能力、偿债能力和运营效率，并与同行业其他公司进行对比。

模板 4：金融产品比较

请详细对比［金融产品 A］和［金融产品 B］的收益模式、风险特征和投资门槛，并以表格形式呈现。

模板 5：宏观经济解读

请解读最近一次央行货币政策调整对金融市场的影响，特别是对债券市场和股票市场的短期影响和长期影响。

模板 6：风险管理

请为我设计一个针对［具体金融产品］的风险管理方案，包括风险识别、风险评估和风险控制措施。

模板 7：金融新闻解读

请解读最近一周内发生的重大金融事件［如利率调整／大型

金融机构财报发布等],并分析其对个人投资者的潜在影响。

模板 8：投资策略制定

请根据当前市场环境，为我制定一份适合新手投资者的股票投资策略，包括选股标准、买入时机和止损策略等。

模板 9：金融工具使用

请详细说明如何使用［如期权、期货等金融工具名称］进行套期保值操作，并提供一个实际案例。

模板 10：财富规划

请根据我的年龄［具体年龄］、收入水平［具体收入］和财务目标［如购房／子女教育／退休规划等］，为我制定一份全面的财富规划方案。

2. 教育场景（10 个模板）

模板 1：学习计划制订

请为我制订一份针对［具体年纪］［具体学科］的学习计划，包括每周的学习目标、学习方法和复习安排。

模板 2：论文写作指导

请以［论文主题］为例，为我生成一篇学术论文的详细框架，包括引言、文献综述、研究方法、结果分析、讨论和结论等部分。

模板 3：知识点讲解

请用通俗易懂的语言为我解释［复杂知识点］，并结合实际例子帮助我更好地理解。

模板 4：考试备考建议

请根据［考试科目］的考试大纲，为我提供备考建议，包括标注重点复习内容、推荐参考资料和模拟考试试卷。

模板 5：学术资源推荐

请推荐几本关于［学术领域］的经典书籍，并简要介绍每本书的主要内容和适用人群。

模板 6：学习方法改进

请根据我的学习习惯［如早起学习／晚上复习］，为我提供一些改进学习效率的方法和技巧。

模板 7：课程设计

请为我设计一门关于［课程主题］的在线课程，包括课程目标、教学大纲、评估方式和预期学习成果。

模板 8：教育技术应用

请介绍几种在［如在线教学、远程学习等教育场景］中常用的教育技术工具，并说明其优势和使用方法。

模板 9：学术写作润色

请润色以下段落，使其语言更贴合学术专业风格，逻辑更加完整连贯，"[需要润色的段落内容]"。

模板 10：教育趋势分析

请分析当前教育领域的三大趋势，并结合实际案例说明这些趋势对教育实践的影响。

3. 电商场景（10个模板）

模板 1：产品文案撰写

请为［产品名称］撰写一篇吸引［特定人群］的产品介绍文案，突出其独特卖点和用户价值。

模板 2：竞品分析

请对［产品 A］和［产品 B］进行 SWOT 分析，重点关注价格、功能、用户体验和市场占有率等方面。

模板 3：电商运营策略

请根据［电商平台］的规则和用户特点，为我制定一份［产品］电商运营策略，包括店铺装修、商品上架、促销活动和客户服务。

模板 4：用户画像分析

请根据［店铺名称］的销售数据，分析目标用户画像，包括年龄、性别、消费习惯和偏好。

模板5：营销文案生成

请为［电商活动主题］生成一份营销文案，包括活动介绍、优惠信息和行动号召。

模板6：电商数据分析

请对［店铺名称］最近一个月的销售数据进行分析，重点关注转化率、客单价和复购率，并提出优化建议。

模板7：用户评价管理

请为我提供一份用户评价管理指南，包括如何回复好评、处理差评和利用评价提升店铺信誉。

模板8：电商店铺优化

请根据［电商平台］的搜索算法，为我提供店铺优化建议，包括关键词优化、商品描述优化和页面布局优化。

模板9：电商直播脚本

请为［产品名称］撰写一份电商直播脚本，包括开场白、产品介绍、促销方案、互动设计和结束语等。

模板10：电商趋势预测

请分析当前电商行业的三大趋势，并结合实际案例说明这些趋势对电商运营的影响。

4. 其他场景（20个模板）

（1）内容创作方面

模板1：创意灵感激发

请以"[主题]"为灵感，构思一个短篇故事的开头，要充满悬念和吸引力。

模板2：文案优化

请润色以下文案，使其更具吸引力："[需要润色的文案内容]。"

模板3：标题生成

请为[文章主题]生成5个小红书爆款标题，带🔥和！符号。

模板4：社交媒体文案

请为[社交媒体平台]撰写一条关于[主题]的文案，突出互动性和传播性。

模板5：创意写作

请用王家卫的风格描述我中午吃的外卖，突出氛围感和情感表达。

（2）职场办公方面

模板1：会议纪要整理

请将会议记录整理为"决策事项（√）/待办事项（□）/风险

预警(△)"3个部分。

模板2：PPT设计

请为［主题］设计10页PPT框架，每页用"图标＋金句"模式呈现。

模板3：邮件撰写

请写一封跟进［项目名称］的英文邮件，语气礼貌但隐含紧迫感。

模板4：竞品分析

请用SWOT分析法对比［产品A］与［产品B］，重点突出供应链差异。

模板5：项目管理

请为［项目名称］绘制甘特图，标出关键路径和资源冲突点。

（3）学术研究

模板1：论文润色

请以［Nature］期刊格式重写这段方法论，突出实验设计的可重复性。

模板2：文献速读

请用200字总结这篇论文的核心结论，标注3个创新点和2

个潜在缺陷。

模板 3：数据可视化

请将实验数据转化为箱线图，用不同颜色区分对照组与实验组。

模板 4：学术翻译

请将这段中文摘要翻译成英文，确保专业术语符合电气电子工程师学会（IEEE）标准。

模板 5：学术辩论

请列举支持与反对［理论名称］的各 3 个证据，用表格对比权重。

（4）生活效率

模板 1：健康饮食计划

请为我制订一份为期一周的健康饮食计划，包括每日三餐食谱、所需食材和烹饪方法。

模板 2：理财规划

请根据我的收入［具体收入］和支出［具体支出］，为我制定一份理财规划，包括储蓄、投资和消费建议。

模板 3：日常计划

请为我制订一份每日计划表，包括工作、学习、运动和休闲时间安排。

模板4：旅行攻略

请为我制定一份［旅行目的地］的旅行攻略，包括景点推荐、交通安排和住宿建议。

模板5：家居整理

请为我提供一份家居整理指南，包括收纳技巧和空间优化建议。

（各位读者也可以扫描图书封底上的二维码，获取指令模板电子文档，方便复制粘贴，而且相关指令模板还会不断更新和扩充！）

附录2　AI避"坑"指南：练就一双"鹰眼"，轻松识别虚假信息

在AI时代，虚假信息就像潜伏在暗处的"坑"，人们一不小心就会落入其中。但不要过于担心，普通人也能练就一双"鹰眼"，轻松识别这些"坑"。下面我们介绍5种常见的AI虚假信息类型。

类型1：AI生成的图像——细节中的真相

AI生成的图像虽然看起来很逼真，但在细节上常常会露出马脚，如手指数量不对、牙齿排列不齐、头发边缘模糊等。这些细节问题就像AI的"小秘密"，只要我们仔细观察，就能发现。

案例：震惊！"被压在废墟下的小男孩"竟是AI造假

2025年1月7日，西藏日喀则市定日县发生地震，一张"被压在废墟下的小男孩"的图片在网络上疯传（见图附录0-1）。通过仔细观察不难发现，画面中的小男孩有6根手指，背景与主体融合得也很不自然。通过Google Images反向搜索，根本找不到这张图片的原始出处。最终，这张图片被证实是AI生成的。

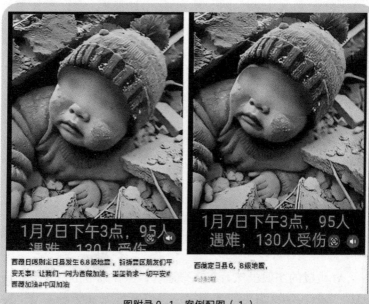

图附录 0-1 案例配图（1）

鹰眼攻略如下。

• **放大图片**。仔细观察手指、牙齿、头发等细节。

• **背景检查**。观察背景是否与主体浑然一体，光影是否符合日常规律。

• **反向搜索**。用 Google Images 或 TinEye 等网站进行反向搜索，查看图片的原始出处。

请大家牢记：细节决定真相！

类型 2：AI 生成的视频——动作与表情的破绽

在 AI 生成的视频中，人物的动作和表情看上去都很不自然, 如动作僵硬、表情呆板、眨眼频率异常等。这些不自然的地方就像视频里的"小瑕疵", 很容易被识破。

案例: 小心! "甘肃火车撞修路工人"这段视频原来是AI造假

2023 年, 一段"甘肃火车撞修路工人"的视频在社交媒体上广泛传播(见图附录 0-2)。然而, 视频中的人动作僵硬, 表情不自然, 光影效果也不一致——人的阴影方向与背景不匹配。通过仔细观察和验证, 这段视频最终被证实是由 AI 生成的。

图附录 0-2　案例配图(2)

鹰眼攻略如下。

• 观察动作。视频中的人的动作是否自然流畅。

• 检查表情。人的表情是否真实自然，眨眼频率是否正常。

• 音画同步。视频和音频是否协调同步，口型与人声是否匹配。

请大家牢记：动作和表情，是 AI 虚假视频的"致命弱点"！

类型 3：AI 生成的文本——过于完美的陷阱

AI 生成的文本虽然语法正确，但往往过于规整，缺乏个人特色。从逻辑上看，这些文本的内容可能比较生硬，且缺乏深度。这些不协调就成了 AI 的"破绽"。

案例：警惕！"重庆民房爆炸"竟是 AI 制造的假新闻

重庆公安机关查处一起个人利用 AI 软件，编造民房爆炸谣言的案件。这起案件被公安部列为打击整治网络谣言违法犯罪的典型案例。在该案例中，相关人员利用 AI 技术，模仿新闻风格，一键生成涉及灾情的信息，以骗取高流量。

鹰眼攻略如下。

• 检查风格。文本是否过于规整，是否缺乏个人特色。

•**逻辑验证**。仔细阅读文章，看其逻辑是否连贯，是否存在矛盾。

•**事实核查**。通过多个渠道信源进行交叉比对，验证文章中的信息是否真实。

请大家牢记：过于完美，反而不完美！

类型4：AI换脸技术——防不胜防

AI换脸的基础是大数据深度学习技术。其原理是先识别图片或视频中的人脸模型，提取五官信息，再将这些特征进行替换重组，随后进行背景环境渲染并添加合成后的声音，生成逼真度较高的换脸视频。

案例：香港一公司被AI换脸骗走2亿港元

一家跨国公司中国香港地区分部的职员受邀参加总部首席财务官发起的"多人视频会议"，并先后多次按其要求进行转账，最终将2亿港元通过15次转账，分别转到5个本地银行账户内。这名职工在随后向总部查询时才知道自己受骗了。警方通过调查后披露，在这起案件中，所谓的视频会议里，只有受害人一个人是"真人"，其他"参会人员"都是经过"AI换脸"的诈骗人员。

图附录0-3为相关报道页面。

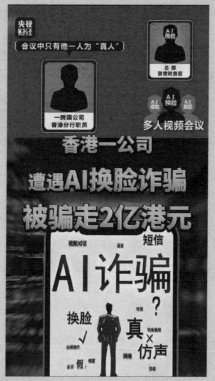

图附录 0-3　案例配图（3）

鹰眼攻略如下。

• 让对方在镜头前摁鼻子、挥手或者按脸。AI生成的面部器官是不存在这些数据特征的，如果你让对方摁脸，对方的脸有凹陷，说明对方是一位真实存在的人，而AI是不会出现变形的。同样，挥手是为了扰乱AI学习，因为挥手会挡住摄像头，使其面对一些无法识别的因素，从而露出"破绽"。

• 不发布自己的隐私照片。防止面部信息被不法分子盗用，通过 AI 换脸技术移植到其他人的身体上，实行不法行为。

请大家牢记：遇到"熟人"，挥挥手，跟他打个招呼吧！

类型 5：AI 生成的虚假账号与服务——官方信息的辨识

在 AI 时代，不仅图像、视频和文本可能被造假，连账号和服务信息也可能被仿冒。这些虚假的账号常常以官方名义发布信息，误导用户。这种伪装就像是 AI 的"障眼法"，用户需要格外小心。

案例：DeepSeek 官方声明——谨防仿冒账号与虚假信息

2025 年 2 月 6 日，DeepSeek 发布官方声明，指出部分仿冒账号及其发布的不实信息对公众造成了误导和困扰。DeepSeek 明确表示，其官方账号仅在微信公众号、小红书等平台发表内容。除官方账号，其他任何以 DeepSeek 或相关负责人名义对外发布公司相关信息的均为仿冒账号。如未来 DeepSeek 在其他平台开设新的官方账号，将通过其他已有官方账号进行公告。

另外，笔者也在此提示一下 DeepSeek 这个公司名的标准写法，D、S 均为大写，其余字母均为小写，小写字母"p"和大写字母"S"之间没有空格。

鹰眼攻略如下。

• 核实官方账号。通过已知的官方账号验证信息来源。

• 检查服务渠道。确保通过官方网站或官方 App 获取服务。

• 避免可疑群组。不要加入未经官方验证的群组，避免财产损失。

请大家牢记：官方发布信息，才是真正有保障！

在 AI 时代，各类信息井喷，虚假信息也无处不在。不过，只要我们掌握一些简单的辨别方法，通过观察细节、检查背景、验证逻辑和使用技术工具等手段，都可以练就一双"鹰眼"，识别 AI 生成的虚假信息，成功避"坑"。同时，大家也要做好预防工作，不要将自己的隐私信息暴露在社交平台中，不要点击陌生链接、添加陌生好友等，树立良好的自我保护意识，防患于未然。